Pocket Power

Anni Koubek

AF707713

DIN EN ISO 9001:2015 umsetzen

QM-System aufbauen und weiterentwickeln

HANSER

Die Wiedergabe von Gebrauchsnamen, Handelsnamen, Warenbezeichnungen usw. in diesem Werk berechtigt auch ohne besondere Kennzeichnung nicht zu der Annahme, dass solche Namen im Sinne der Warenzeichen- und Markenschutzgesetzgebung als frei zu betrachten wären und daher von jedermann benutzt werden dürfen.

Bibliografische Information der Deutschen Nationalbibliothek
Die Deutsche Nationalbibliothek verzeichnet diese Publikation in der Deutschen Nationalbibliografie; detaillierte bibliografische Daten sind im Internet über http://dnb.d-nb.de abrufbar.

Dieses Werk ist urheberrechtlich geschützt.

Alle Rechte, auch die der Übersetzung, des Nachdruckes und der Vervielfältigung des Buches, oder Teilen daraus, vorbehalten. Kein Teil des Werkes darf ohne schriftliche Genehmigung des Verlages in irgendeiner Form (Fotokopie, Mikrofilm oder einem anderen Verfahren), auch nicht für Zwecke der Unterrichtsgestaltung – mit Ausnahme der in den §§ 53, 54 URG genannten Sonderfälle –, reproduziert oder unter Verwendung elektronischer Systeme verarbeitet, vervielfältigt oder verbreitet werden.

© 2018 Carl Hanser Verlag München
Nachdruck der 1. Auflage 2017

http://www.hanser-fachbuch.de

Lektorat: Lisa Hoffmann-Bäuml
Herstellung und Satz: Kösel Media GmbH, Krugzell
Umschlaggestaltung: Parzhuber & Partner GmbH, München
Umschlagrealisation: Stephan Rönigk
Druck und Bindung: Kösel, Krugzell
Printed in Germany

ISBN 978-3-446-45199-5

E-Book-ISBN 978-3-446-45274-9

Inhalt

Einleitung 7

Warum ein QM-System? 7
Was ist die ISO-9000-ff.-Familie? 8
Warum ISO 9001 und nicht eine andere Norm? 11

Fünf Schritte zum ISO-9001-zertifizierten Qualitätsmanagementsystem 13

Schritt 1: Ziele klären 14
Schritt 2: Planen 16
Schritt 3: Ist-Stand analysieren 18
Schritt 4: Maßnahmen ableiten und umsetzen 22
Schritt 5: Die Zertifizierung 24
Was kommt nach der Zertifizierung? 27

Änderungen der ISO 9001:2015 29

Übersicht über die Änderungen auf Kapitelbasis 29

Anforderungen der DIN EN ISO 9001:2015 41

Die Norm ISO 9001:2015 im Detail 43

4 Kontext der Organisation 44
4.1 Verstehen der Organisation und ihres Kontextes 44
4.2 Verstehen der Erfordernisse und Erwartungen interessierter Parteien 46
4.3 Festlegen des Anwendungsbereichs des Qualitätsmanagementsystems 48

4.4 Qualitätsmanagementsystem und seine Prozesse 50

5 Führung 54

5.1 Führung und Verpflichtung 54

5.2 Politik 57

5.3 Rollen, Verantwortlichkeiten und Befugnisse in der Organisation 59

6 Planung 61

6.1 Maßnahmen zum Umgang mit Risiken und Chancen 61

6.2 Qualitätsziele und Planung zu deren Erreichung 65

6.3 Planung von Änderungen 67

7 Unterstützung. 70

7.1 Ressourcen 70

7.2 Kompetenz 73

7.3 Bewusstsein 76

7.4 Kommunikation 78

7.5 Dokumentierte Information 79

8 Betrieb 84

8.1 Betriebliche Planung und Steuerung 84

8.2 Anforderungen an Produkte und Dienstleistungen 86

8.3 Entwicklung von Produkten und Dienstleistungen 90

8.4 Steuerung von extern bereitgestellten Prozessen, Produkten und Dienstleistungen 95

8.5 Produktion und Dienstleistungserbringung 98

8.6 Freigabe von Produkten und Dienstleistungen 103

8.7 Steuerung nichtkonformer Ergebnisse 105

9 Bewertung der Leistung 108
9.1 Überwachung, Messung, Analyse und Bewertung 108
9.2 Internes Audit 112
9.3 Managementbewertung 114
10 Verbesserung 118
10.1 Allgemeines 118
10.2 Nichtkonformitäten und Korrekturmaßnahmen 119
10.3 Fortlaufende Verbesserung 122
Literatur 126

Einleitung

Warum ein QM-System?

Qualitätsmanagement ist ein Ansatz, der Unternehmen dazu befähigen soll, Anforderungen zu erfüllen. Dafür gibt es eine breite Anzahl von unterschiedlichen Ansätzen: internationale Normen, Excellence-Modelle, wie z.B. das EFQM-Modell, den Total-Quality-Management-Ansatz etc.

Das Umfeld, in dem sich heute Unternehmen bewegen, hat sich in den vergangenen Jahrzehnten grundlegend verändert und ist von beschleunigtem Wandel, der Globalisierung der Märkte, dem Hervortreten von Wissen und Innovation als wesentliche Erfolgsmerkmale gekennzeichnet. Ein modernes Qualitätsmanagementsystem (QMS) sollte Organisationen in die Lage versetzen, die sich daraus ergebenden Herausforderungen erfolgreich zu begegnen.

Es gibt kaum eine Branche, in der sich Qualitätsmanagementsysteme noch nicht etabliert haben. Ursprünglich ging der Gedanke aus der produzierenden Industrie hervor, wo Unternehmen Qualitätsmanagementsysteme als Werkzeug zur Entwicklung und Steuerung von Lieferanten verwendeten. In einer komplexen Welt, in der kaum eine Organisation allein ein Produkt herstellen oder eine Dienstleistung durchführen kann, ist es zunehmend wichtig, dass Leistungen qualitätsgesichert erbracht werden.

Die Gesellschaft hat den Wert dieses Ansatzes erkannt, und heute sind Qualitätsmanagementsysteme auch in vielen anderen Branchen gefordert, sei es das Gesundheitswesen, die Bildung oder andere öffentliche Einrichtungen. Qualitätsmanagement ist in Organisationen jeder Branche und jeder Größe anwendbar und kann diese unterstützen, sich erfolgreich weiterzuentwickeln.

Was ist die ISO-9000-ff.-Familie?

Qualitätsmanagementnormen, so wie wir sie heute kennen, haben sich erst im 20. Jahrhundert etabliert. In den 60er- und 70er-Jahren entwickelten sich in den USA und Großbritannien erste Vertragsnormen, und im Jahre 1987 wurde die erste globale Norm veröffentlicht: ISO 9001:1987. Der ursprüngliche Zweck war es, eine Vereinheitlichung von Anforderungen an Lieferanten zu erreichen.

Die Norm wurde auch alsbald als Lieferbedingung bei produzierenden Unternehmen verwendet. Dies und auch der Fakt, dass Firmen wirtschaftlichen Nutzen in der Anwendung fanden, hat die ISO 9001 zur populärsten Norm weltweit gemacht. Derzeit sind über eine Million Organisationen nach dieser Norm zertifiziert, wobei Europa und Asien die dominierenden Anwenderregionen sind.

Die ISO 9001 setzt nicht nur einen Standard für Kunden-Lieferanten-Beziehungen, sondern wurde mittlerweile zu einem Bezugs- und Handlungsrahmen, der den Kunden in den Mittelpunkt stellt.

Durch den Nutzen, den Organisationen aus der Anwendung der Norm zogen, wurde der Einsatz in viele Branchen und auch unabhängig von konkreten Kundenanforderungen verbreitet. Im Jahr 1994 erfolgte eine erste, kleinere Revision der Norm, noch im dreistufigen System (ISO 9001, 9002, 9003) und auf Basis der 20 Anforderungselemente.

Die große Revision im Jahr 2000 brachte die Schaffung

einer einzigen einheitlichen Norm ISO 9001 und den „prozessorientierten Ansatz“, die wesentlichste Weiterentwicklung in dieser Ausgabe. Die Prozessorientierung war ein wichtiges, innovatives Merkmal für die fortschreitende globale Arbeitsteilung. Sie sollte die Ergebnisorientierung in den Unternehmen erhöhen und Abteilungsdenken überwinden helfen. Die weiteren, wesentlichen Neuerungen betrafen:

- die neue verschlankte Struktur der Normenreihe (ISO 9000 für die Grundlagen und Begriffe, ISO 9001 für die Anforderungen und ISO 9004 als Leitfaden für die Leistungsverbesserung),
- die Einführung des prozessorientierten Qualitätsmanagementmodells,
- eine Stärkung der Verantwortung der obersten Leitung,
- eine Anwendbarkeit in Organisationen jeglicher Größe und
- eine stärkere Ausrichtung auf die ständige Verbesserung.

Die nächste, kleine Revision erfolgte im Jahr 2008. Nachdem zu diesem Zeitpunkt schon viele Branchenstandards auf der ISO 9001 aufbauten, entschied man sich, den Kernanforderungstext unverändert zu lassen. Die Struktur blieb dabei nahezu gleich. Es wurden Klarstellungen und Präzisierungen des Textes getroffen, die sich aus der praktischen Anwendung der Norm ergeben hatten.

Die Revision ISO 9001:2015 war wiederum eine größere Änderung: Die Anpassung an globale, komplexe und dynamische Geschäftsumgebungen machte die Forcierung von Veränderungen und risikobasiertem Denken sowie eine Erweiterung der Betrachtungsebenen (Kontext der Organisation) notwendig.

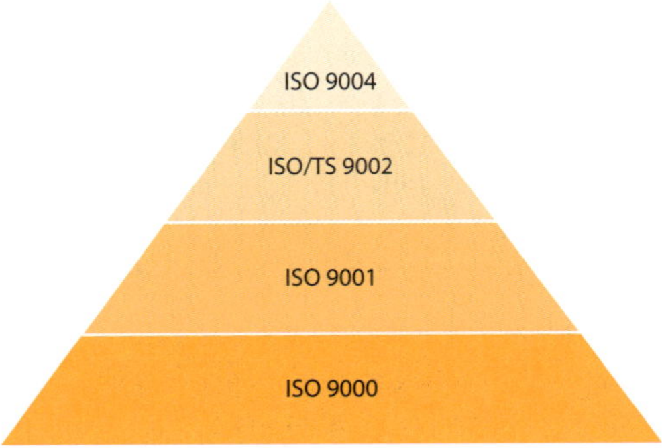

Bild 1: *Die ISO-9000-ff.-Normenfamilie*

Die ISO 9001 ist jedoch nicht die einzige Norm in der ISO-Welt zum Thema Qualitätsmanagement (vgl. Bild 1). Eng verbunden ist die ISO 9000:2015. In dieser Norm sind die grundlegenden Konzepte und Grundsätze des Qualitätsmanagements erläutert sowie die Definitionen der in den Normen verwendeten Begriffe enthalten. Viele Anforderungen der ISO 9001 können ohne diese Begriffe und ein grundlegendes Verständnis zum Thema Qualitätsmanagement, das in der ISO 9000 beschrieben wird, nicht korrekt interpretiert werden.

Über die Anforderungen der ISO 9001 hinaus geht die ISO 9004. Diese Norm befasst sich mit dem nachhaltigen Erfolg von Organisationen. Es handelt sich aber nicht um eine Anforderungsnorm, sondern um einen Leitfaden. Zur Unterstützung der Anwender wurde ein Modell zur Selbstbewertung integriert.

Eine neue Norm in dieser Serie ist die ISO/TS 9002. Diese ist ein Leitfaden zur Unterstützung der Umsetzung der ISO 9001. Das für Qualitätsmanagement zuständige ISO-Komitee hat auch noch 15 weitere, unterstützende Leitfäden herausgegeben (ISO 10000 ff), die Anwender in der Umsetzung einzelner Themen (z. B. ISO 10005 für Qualitätspläne, ISO 10007 für Konfigurationsmanagement) oder in spezifischen Aufgabenstellungen (z. B. ISO 10006 für Qualitätsmanagement in Projekten) begleiten können.

In der Vergangenheit wurde auch die Norm zur Auditierung von Managementsystemen, die ISO 19011 im Komitee für Qualitätsmanagement erarbeitet. Durch die vielen Managementsysteme auf die sich diese Norm aber in der Zwischenzeit bezieht, wurde nun das Thema Auditieren in der ISO in ein eigenständiges Komitee eingebettet.

Warum ISO 9001 und nicht eine andere Norm?

Die ISO 9001 ist inhaltlich ausgereift, weltweit anerkannt und die am breitesten eingesetzte Norm zum Thema Qualitätsmanagementsysteme. Sie gibt weltweit Organisationen jeder Art und Größe die Möglichkeit, ihre Fähigkeit zur Lieferung anforderungsgerechter Produkte und Dienstleistungen sowie ihre Kundenorientierung nachzuweisen.

Viele Gründe sprechen für die Einführung eines Qualitätsmanagementsystems nach der ISO 9001, wie z. B.:

- Die nachweisbare Beherrschung des Qualitätsmanagements nach dem internationalen Stand der Technik und damit eine Absicherung der Organisation.
- Verstärkte Kundenorientierung und damit verbundene Steigerung der Kundenzufriedenheit.
- Reduktion von Reklamationen, Kostenersparnis und Steigerung der Ressourceneffizienz und Rechtssicherheit.

- Die anhaltende Orientierung an Prozessen, an ihrer ständigen Verbesserung und damit eine Senkung der Prozess- und Schattenkosten.
- Die Förderung der Organisationsentwicklung, der internen Kommunikation, der Motivation und des Verantwortungsbewusstseins der Mitarbeiter.
- Die erfolgreiche Zertifizierung führt in vielen Branchen zur Listung als Zulieferer und fördert das Image.
- Eine solide Basis für jene Organisationen, die sich weitergehenden Branchenanforderungen oder anderen Anforderungen (wie Umwelt- oder Arbeitnehmerschutz) stellen müssen.
- Teilhabe an der Wissensentwicklung in der weltweiten „ISO-9001-Gemeinschaft".

Eine detailliertere Beschreibung der Anforderungen, Änderungen der Ausgabe 2015, Umsetzungsmethoden und Praxisbeispiele finden Sie im Praxisbuch ISO 9001:2015, Anni Koubek (Hrsg.)

Fünf Schritte zum ISO-9001-zertifizierten Qualitätsmanagementsystem

Die Einführung eines Qualitätsmanagementsystems ist eine wesentliche Veränderung für eine Organisation. Entsprechend sorgfältig sollte ein derartiges Projekt vorbereitet und durchgeführt werden. Die erforderlichen Tätigkeiten können in fünf Schritte gegliedert werden, die in Bild 2 dargestellt sind. Dabei sind inhaltliche Arbeitsschritte nötig, aber auch Erfordernisse eines erfolgreichen Change-Managements zu beachten. Eine vertiefte Betrachtung von Veränderungsprojekten in Managementsystemen ist in Koubek/Pölz (2014) beschrieben.

Diese fünf Schritte können für einfache Projekte linear durchlaufen oder kombiniert werden, es kann aber auch sein, dass speziell die Schritte zwei bis vier, also Planen, Status bestimmen und Maßnahmen umsetzen auch iterativ in verfeinerten Schritten durchlaufen werden. Dies ist von der Ausgangssituation sowie der Art und Größe des Unternehmens abhängig.

Bild 2: *Die fünf Schritte zum ISO-9001-zertifizierten QMS*

Schritt 1: Ziele klären

WORUM GEHT ES?

Ein ISO-9001-Zertifikat ist eine Bestätigung, dass das Unternehmen die Anforderungen der Norm erfüllt. Dies kann wie eine Hochsprunglatte gesehen werden: Die Organisation schafft es, über diese Hürde zu springen. Die ISO 9001 fokussiert auf die Konformität von Produkten und Dienstleistungen sowie auf die Kundenzufriedenheit. Deswegen enthält die Norm keine weiterführenden Anforderungen, z.B. in Richtung Unternehmenserfolg, Effizienz, Umwelt oder Arbeitssicherheit.

Bevor man ein Qualitätsmanagementsystem einführt, sollte deswegen eine Zielklärung stattfinden. Geht es darum, einen wichtigen Kunden zu gewinnen, und ist das Ziel, die gestellten Anforderungen in minimaler Weise zu erfüllen? Dies bezeichnet man als defizitorientierten Ansatz: Es geht darum, zu prüfen, welche Anforderungen nicht erfüllt sind, und entsprechende Schwachstellen auszugleichen.

Eine alternative Zielsetzung könnte es sein, die Einführung eines Qualitätsmanagementsystems mit einer strategischen Neuausrichtung zu koppeln. Dies wird als nutzenorientierter Ansatz bezeichnet: Die Umsetzung ist eng an die strategische Ausrichtung gekoppelt, die Anforderungen werden so erfüllt, dass der Nutzen maximiert wird.

Je nach Ansatz unterscheiden sich der erwartete Nutzen und die zur Verfügung gestellten Ressourcen. Aber auch das Engagement der unterschiedlichen Stakeholder des Unternehmens (Interessengruppen wie z.B. Mitarbeiter) ist davon abhängig, ob eher nutzen- oder defizitorientierte Ziele verfolgt werden. Diese generellen Zielbilder und der erwartete Nutzen sollten transparent gemacht werden. Speziell sollten dabei auch die Grenzen der Veränderlichkeit aufgezeigt werden. Soll z.B. eine Strukturveränderung erfolgen, um eine prozessorientierte Aufbaustruktur zu erlangen, oder werden die bestehenden Prozesse und Aufbauorganisation abgebildet und beschrieben?

Für diesen Schritt ist ein Grundverständnis von Qualitätsmanagement und den Grundprinzipien der ISO 9000 ff. in der Organisation wesentlich. Nur dann ist gewährleistet, dass das Führungsteam und die betroffenen Personen die besten Lösungen finden.

Den Beteiligten sollte immer klar und deutlich vermittelt werden, warum ein QMS umgesetzt wird, welcher Sinn hinter den einzelnen Aspekten steckt und vor allem, welchen Nutzen das Ganze bringt. Jede Vorgehensweise sollte gut begründet werden, nur dann kann eine nachhaltige Umsetzung gelingen.

WAS BRINGT ES?

Eine Zielklärung unter den Betroffenen soll gleiche Bilder in den Köpfen erzeugen. Zu den Fragen „Wo wollen wir hin?", „Warum muss sich etwas verändern?" sollten konsistente Zielbilder in der Organisation bestehen. Damit wird eine Basis geschaffen, dass mit dem Projektstart Veränderungen positiv begegnet wird und diese nicht als persönliche Unsicherheit und Bedrohung wahrgenommen werden. Damit kann auch eher eine konstruktive Unterstützung der Personen im Unternehmen erwartet werden.

WIE GEHE ICH VOR?

Je nach Organisationsgröße bzw. Hierarchieebenen sind folgende drei Punkte sinnvoll:

- Das Commitment der Geschäftsleitung bzw. des Auftraggebers sollte als Erstes abgeklärt werden:
  - Was erwarten wir uns, was ist das Zielbild?
  - Welche Ressourcen können wir für die Erreichung dieses Zielbildes zur Verfügung stellen?
- Dann sollte dieses Zielbild im erweiterten Führungsteam reflektiert und verfeinert werden:
  - Stehen wir hinter dem gemeinsamen Zielbild, wo muss es nachgeschärft werden?
  - Welchen konkreten Nutzen erwarten wir uns? Warum ist dieses Projekt für uns eine gewinnbringende Investition?
  - Wie sind die einzelnen Abteilungen betroffen, wo ist ihre Mitarbeit sinnvoll oder nötig, welche Ressourcen und welches Wissen kann beigesteuert werden?
- Letztlich sollten auch relevante Funktionen und Mitarbeiter eingebunden werden. Auch deren Feedback sollte in die Projektplanung einfließen:
  - Welche Funktionen/Mitarbeiter sind primär betroffen?
  - Wer kann das Vorhaben fördern?
  - Wer könnte sich als „Verlierer“ sehen und welche Perspektive kann dieser Personengruppe aufgezeigt werden?

Schritt 2: Planen

WORUM GEHT ES?

In der Planung ist wichtig, die wesentlichen Erfolgsfaktoren für die erwünschte Veränderung zu analysieren und entsprechende Maßnahmen abzuleiten. Es geht darum, sicherzustellen, dass die Veränderung hin zum gewünschten Zielbild tatsächlich passiert, dass also die Organisation in ein anderes, besseres Tun kommt.

Veränderungen stellen eine große Herausforderung für das Management und die Mitarbeiter dar. Entsprechend muss nicht nur die faktische Ebene geplant werden – z.B. „Ein systematisches Fehlermanagement wird eingeführt“ –, sondern auch die emotionale Ebene im Sinne der Führung und Kultur. Diese Kultur, also im gegebenen Beispiel: „Wir möchten einen konstruktiven Umgang mit Fehlern und eine offene Fehlerkultur“, hat dabei eine höhere Bedeutung für den Projekterfolg als die konkrete, eingesetzte Methode des Fehlermanagements. Deshalb müssen diese Themen in Bezug auf Werte und Kultur mindestens gleichwertig in der Projektplanung betrachtet werden. Diese emotionale positive Einstellung für das Vorhaben ist für jede Phase zu planen und sicherzustellen.

WAS BRINGT ES?

Veränderungsprojekte scheitern in den meisten Fällen nicht an mangelnden Methoden, sondern an dem fehlenden Glauben an den Nutzen oder an den Erfolg.

Bei Veränderungen neigen Menschen eher zu Ablehnung und Widerstand, wenn sie keine Vorteile für die eigene Tätigkeit sehen bzw. vom Erfolg einer Sache nicht überzeugt sind. Gerade die Einführung eines Qualitätsmanagementsystems trifft die gesamte Organisation. Deshalb ist es wichtig, Veränderungsverantwortliche und -bereite Personen als Unterstützer zu gewinnen.

WIE GEHE ICH VOR?

Ein einfaches Modell, das die wichtigsten Faktoren beinhaltet, kann hier als Checkliste dienen (vgl. Koubek/Pölz 2014):

- Bestehen gemeinsame Zielbilder (vgl. Schritt 1) als Basis für die Planung?
- Sind ausreichend Fähigkeiten für die Umsetzung vorhanden? Sind ausreichend Expertinnen und Experten für die anstehenden Themen in der Organisation? Werden Ausbildungen für die zukünftigen Qualitätsmanagement-Fachleute, wird Training oder beratende Unterstützung benötigt?
- Sind ausreichend Anreize vorhanden, dieses Projekt anzugehen? Was treibt uns als Organisation an, damit das Vorhaben nicht versandet oder von Abteilungen verschleppt wird?
- Sind die erforderlichen Ressourcen vorhanden? Werden den Beteiligten ausreichende Zeitressourcen zur Verfügung gestellt?
- Gibt es einen schlüssigen Maßnahmenplan? Dieser Maßnahmenplan wird sich durch die Schritte 3 und 4 weiter detaillieren, wenn eine Detailanalyse durchgeführt wurde.

Schritt 3: Ist-Stand analysieren

WORUM GEHT ES?

Bei der Analyse des Ist-Standes sind drei Aspekte zu vergleichen (vgl. Bild 3):

- die in Schritt 1 und 2 erarbeiteten konkreten Ziele in Verbindung mit der Veränderung,
- die Normanforderungen im Detail und
- die derzeit gelebte Praxis.

Am Ende sollte ein detailliertes Bild über den Veränderungsbedarf vorliegen.

WAS BRINGT ES?

Die Ist-Analyse bringt ein klares Bild über den Veränderungsbedarf. Die großen Veränderungen sind üblicherweise schon in Schritt 1 und 2 identifiziert worden. Hier geht es nun darum, ein detailliertes Bild über alle Bereiche zu erhalten, die anzupassen sind, damit Normkonformität hergestellt wird. Die eigenen Zielsetzungen sind als Richtschnur notwendig, damit die Veränderung mit der strategischen Ausrichtung des Unternehmens abgeglichen wird und nicht ein eigenständiges, abgekoppeltes Qualitätsmanagementsystem entsteht.

WIE GEHE ICH VOR?

Für die Vorgehensweise bieten sich verschiedenste Werkzeuge an, zwei davon werden hier kurz vorgestellt, die in Kombination die beste Wirkkraft erzielen.

Bei einer *Delta-Analyse* (Bild 3) werden die Anforderungen und der Status quo verglichen. Dazu werden bestehende Systemelemente erfasst und bewertet. Der Erfüllungsgrad wird prozentual bewertet, daraus ist die Größe der Abweichung ersichtlich. Die Ansatzpunkte für die Maßnahmenplanung werden erfasst.

Anforderungen Kapitel 7: Unterstützung • *Ressourcen* • *Kompetenz* • *Bewusstsein* • *Kommunikation* • *Dokumentierte Information*			
Anforderungen	**Nachweis/Information**	**%**	**Hinweise**
7.1.1 In Bezug auf Ressourcen berücksichtigen: ▪ die Fähigkeiten und Beschränkungen von bestehenden internen Ressourcen, ▪ was notwendigerweise von externen Anbietern zu beziehen ist.			
7.1.2 Personen bestimmen und bereitstellen, die für die wirksame Umsetzung ihres QMS und für das Betreiben und Steuern seiner Prozesse notwendig sind.			
7.1.4 Umgebung bestimmen, bereitstellen und aufrechterhalten, die für die Durchführung ihrer Prozesse notwendig ist (sozial, psychologisch, physikalisch).			
7.1.5.1 Ressourcen bestimmen und bereitstellen, die für die Sicherstellung gültiger und zuverlässiger Überwachungs- und Messergebnisse benötigt werden, um die Konformität von Produkten und Dienstleistungen mit festgelegten Anforderungen nachzuweisen. ...			

Bild 3: *Delta-Analyse der Anforderungen der Norm (Ausschnitt Arbeitsdokument Quality Austria)*

Bei der prozessorientierten *Gap-Analyse* (vgl. Bild 4) werden die Anforderungen auf die Prozesse der Organisation abgebildet. Dabei wird ersichtlich, welche Prozesse von erforderlichen Änderungen betroffen sind, und welche Prozesseigner bei der Änderung beigezogen werden sollten. Eine derartige Übersicht erleichtert auch in weiterer Folge die Kommunikation mit Auditoren.

Matrix der Beziehungen zwischen den Prozessen und den Forderungen der ISO 9001:2015	***Prozesse der ersten beiden Prozessebenen***	**Management**	Vision und Politik	Strategieentwicklung	Jahresplanung, Controlling & Review	Organisationsentwicklung	Personalentwicklung	Risikomanagement	Kommunikation	**Marketing**	Marktbeobachtung	Corporate Design	Public Relation	Konkretisieren und Anfragen	Kundenbetreuung	**Verkauf**	Verkaufsplanung & Vertriebscontrolling
Allgemeines	7.1.1			x													
Ressourcen	7.1																
Unterstützung	**7**																
Planung von Änderungen	6.3					x											
Qualitätsziele und Planung zu deren Erreichung	6.2					x											
Maßnahmen zum Umgang mit Risiken und Chancen	6.1							x									
Planung	**6**																
Rollen, Verantwortlichkeiten und Befugnisse	5.3			x			o										
Bekanntmachung der Qualitätspolitik	5.2.2								x				x				
Festlegen der Qualitätsüpolitik	5.2.1		x	x													
Politik	5.2																
Kundenorientierung	5.1.2								x		x						
Allgemeines	5.1.1		x						o								
Führung und Verpflichtung	5.1																
Verantwortung der Leitung	**5**																
QMS und seine Prozesse	4.4					x											
Festlegen des Anwendungsbereichs	4.3																
Verstehen der Anforderungen interessierter Parteien	4.2			o	o						x						
Verstehen der Organisation und ihres Kontextes	4.1			x	x						x						
Kontext der Organisation	**4**																
Kapitel ISO 9001																	

Bild 4: *Analyse der Anforderungen vs. Prozesse der Organisation*

Schritt 4: Maßnahmen ableiten und umsetzen

WORUM GEHT ES?

In diesem Schritt werden auf Basis der Ist-Analyse konkrete Umsetzungsmaßnahmen abgeleitet. Das heißt, es wird die für das Unternehmen geeignetste Lösung für den erforderlichen Veränderungsbedarf ausgewählt. So kann z. B. die Identifikation von Risiken und Chancen entweder durch Brainstorming in einer Expertengruppe, durch den Einsatz der 3F-Methode (Modell zur Berechnung des spezifischen Risikos) oder durch mathematische Simulationen erfolgen. Je nach Organisation ist die Lösung besser oder weniger gut geeignet.

Der zweite Teil dieses Schrittes betrifft die Umsetzung der vereinbarten Maßnahmen. Wenn die vorangegangenen Schritte sorgsam durchlaufen wurden, sollte es an dieser Stelle primär um die Erstellung von Zeit- bzw. Projektplänen und die Abarbeitung dieser Maßnahmen gehen, also um konsequentes Projektmanagement. Wenn jedoch noch keine ausreichende Einigung über die Zielsetzungen geschaffen wurde oder betroffene Personen noch nicht einbezogen wurden, dann treten in dieser Phase Widerstände, persönliche Betroffenheit oder Frustration auf. Mit diesen Störungen sollte aktiv umgegangen werden, damit eine Umsetzung dauerhaft verankert werden kann.

WAS BRINGT ES?

Nicht jede Methode ist für die unterschiedlichen Unternehmen gleich gut geeignet. Was in einer Organisation nicht ausreicht, kann für eine andere wiederum überdimensioniert sein. Die Gefahr besteht, dass „Rezepte" übernommen werden, die dann zu den Betriebsabläufen und der Unternehmenskultur nicht passen. Es ist wesentlich mehr Aufwand, mit diesen nicht akzeptierten Methoden, die nur schwer in die betriebliche Praxis integrierbar sind, später umzugehen, als am Anfang die Methode an die eigenen Erfordernisse anzupassen.

Es ist zu empfehlen, gleich zu Beginn eines Veränderungsprojektes die richtige Methode auszuwählen. Hier ist Sorgfalt gefragt. Im schlimmsten Fall besteht die Gefahr, dass die falsche Methode „verbrannte Erde" hinterlässt.

Hat man die geeigneten Methoden ausgewählt, schafft der konsequente Einsatz von Projektmanagement die Sicherstellung der Zielerreichung und die Einhaltung des Zeitplans. Die Einführung eines Managementsystems umfasst in der Regel eine Vielzahl an umfangreicheren, aber auch kleineren Maßnahmen. Diese sind ohne eine konsequente Planung, Begleitung und Zielverfolgung nicht überschaubar.

WIE GEHE ICH VOR?

Es sollten unterschiedliche Methoden in Betracht gezogen werden, welche die Aufgabenstellung lösen und für den Zweck, die Art und die Größe ihrer Organisation geeignet sind. Für die Auswahl der konkreten, einzusetzenden Methode sollten wiederum die eigenen Zielsetzungen prioritär sein. Folgende Fragen bei der Auswahl der Lösungen unterstützen:

Welche Methode

- … hilft uns, die Zukunft unseres Unternehmens zu gestalten?
- … schließt am besten an vorhandene Vorgehensweisen an?
- … lässt sich in bestehende (IT-)Werkzeuge integrieren?
- … ist einfach genug, damit sie rasch und dauerhaft etabliert werden kann?
- … wird am ehesten von den betroffenen Personen verstanden und akzeptiert?
- … bringt größtmöglichen Nutzen bei kleinstmöglichem Aufwand?

Für die Abarbeitung der erstellten Maßnahmen sollte professionelles Projektmanagement eingesetzt werden. Dazu gibt es ausreichend Literatur, z. B. in der Pocket-Power-Reihe *Projektmanagement* von Angela Hemmrich und Horst Harrant (2015).

Schritt 5: Die Zertifizierung

WORUM GEHT ES?

Die Durchführung einer ISO-9001:2015-Zertifizierung ist weltweit einheitlich geregelt. Dazu kommt die Norm „ISO 17021 Konformitätsbewertung – Anforderungen an Stellen, die Managementsysteme auditieren und zertifizieren“ zur Anwendung.

Bild 5: *Die Schritte eines Zertifizierungsverfahrens nach ISO 17021*

Die wichtigsten Schritte in dem aus dieser Norm vorgegebenen Ablauf einer Zertifizierung sind in Bild 5 zusammenfassend dargestellt:

- Damit eine Zertifizierungsstelle für ein Unternehmen tätig werden kann, muss dieses einen Antrag stellen, in dem die wesentlichen Kenngrößen des Unternehmens übermittelt werden.
- Die Zertifizierungsstelle prüft, ob sie diese Dienstleistung anbieten kann (Zulassung, Kompetenz etc.) und erstellt dem Unternehmen dann ein Zertifizierungsprogramm, das über den gesamten, dreijährigen Zertifizierungszyklus reicht. Darin sind Zertifizierung, Überwachungs- und Rezertifizierungsaudits und Auditumfänge enthalten.
- In der Planung des Zertifizierungsaudits werden Auditziele vereinbart, das Auditteam und deren Verantwortlichkeiten festgelegt, der Umfang und die Dauer des Audits für die zu auditierenden Prozesse und Organisationseinhei-

ten bestimmt und schließlich Termine für die betroffenen Standorte abgestimmt.

- Bei der ersten Stufe des Zertifizierungsaudits wird bewertet, ob das Unternehmen ausreichend für die Zertifizierung vorbereitet ist. Das Verständnis der Organisation bezüglich der Anforderungen und entsprechender Leistungen werden geprüft. Bewertet werden auch die Dokumentation, das interne Audit und die Managementbewertung. Bei dieser ersten Stufe des Zertifizierungsaudits sind meist nur wenige Personen (z.B. Qualitätsmanager, Vertreter des Managements) einbezogen.
- Bei der zweiten Stufe des Zertifizierungsaudits wird die Umsetzung einschließlich der Wirksamkeit des Managementsystems des Kunden bewertet. Dazu werden Auditnachweise in den einzelnen Prozessen und Abteilungen des Unternehmens bewertet. Bei der zweiten Stufe des Zertifizierungsaudits werden die Personen, welche für einzelne Tätigkeiten verantwortlich sind, direkt befragt und Tätigkeiten vor Ort bewertet. Falls nicht alle Punkte des Standards erfüllt werden, erhält das Unternehmen vom Auditteam eine Darstellung dieser Nichtkonformitäten und eine Fristsetzung zur Behebung.
- Sind alle Anforderungen erfüllt, leitet das Auditteam seine Schlussfolgerungen in Form eines Auditberichts an die Zertifizierungsstelle. Dort wird die gesamte vorliegende Information geprüft und die Entscheidung über die Vergabe des Zertifikats getroffen.

WAS BRINGT ES?

Der Nutzen der akkreditierten Zertifizierung umfasst zwei wesentliche Aspekte:

- Die Organisation erhält eine unabhängige externe Bewertung. Neben der Feststellung der Konformität kann eine Zertifizierungsstelle auch die Entwicklungspotenziale des Unternehmens aufzeigen.
- Die Organisation erhält ein weltweit anerkanntes Zertifikat, das oftmals die Tür zu neuen Kunden und Marktsegmenten öffnet.

WIE GEHE ICH VOR?

Kontaktieren Sie frühzeitig eine Zertifizierungsgesellschaft Ihres Vertrauens, um hier optimal in diesem Prozess begleitet zu werden. Stellen Sie bei der Auswahl sicher, dass Sie kompetente Partner finden, welche Ihre spezifischen Anforderungen verstehen und damit auch Ihre Lösungen richtig beurteilen können. Externe Auditoren können die aufgebaute Motivation zerstören, wenn Formalpunkte in den Vordergrund gerückt und Leistungen, Wirksamkeit und Zukunftsfähigkeit des Managementsystems nicht ausreichend bewertet werden.

Was kommt nach der Zertifizierung?

Eine Neu-Zertifizierung ist meist eine große Anstrengung für ein Unternehmen. Sie ist aber nur der erste Schritt: Eine ständige Weiterentwicklung und Anpassung ist ein absolutes Muss für jedes Qualitätsmanagementsystem. Die dafür erforderlichen Prozesse und Vorgehensweisen sollten schon durch die Umsetzung der Norm geschaffen worden sein. Die Anstrengungen, die es erfordert, das System immer wieder an neue Gegebenheiten anzupassen und die Leistungen zu verbessern, dürfen jedoch nicht unterschätzt werden.

Vonseiten der Zertifizierungsstelle wird das System regelmäßig überwacht. Dazu wird jährlich ein Überwachungsaudit durchgeführt, und ein vollständiges Rezertifizierungsaudit findet dann nach drei Jahren statt. Danach erhält das Unternehmen ein verlängertes Zertifikat, das wiederum für drei Jahre gültig ist.

Änderungen der ISO 9001:2015

Übersicht über die Änderungen auf Kapitelbasis

<table>
<tr><th>ISO 9001:2015</th><th>ISO 9001:2008</th></tr>
<tr><td>0 Einleitung</td><td>0 Einleitung</td></tr>
<tr><td colspan="2">Die Einleitung erläutert wesentliche Ansatzpunkte des Standards (z. B. prozessorientierter Ansatz, PDCA-Kreislauf, risikobasiertes Denken), enthält neue Modellgrafiken (eine zur Struktur des Standards, eine zum prozessorientierten Ansatz) und erläutert die Einbettung mit anderen ISO-Standards im Bereich Qualität bzw. anderen Managementsystemstandards.</td></tr>
<tr><td>1 Anwendungsbereich</td><td>1 Anwendungsbereich</td></tr>
<tr><td colspan="2">Der Anwendungsbereich der Norm ist unverändert geblieben. Den Anforderungen zum Anwendungsbereich des Qualitätsmanagementsystems ist nun ein eigener Abschnitt (4.3) gewidmet, hier gibt es sehr wohl Änderungen.</td></tr>
<tr><td>2 Normative Verweisungen</td><td>2 Normative Verweisungen</td></tr>
<tr><td colspan="2">Verweis auf die ISO 9000:2015.</td></tr>
<tr><td>3 Begriffe</td><td>3 Begriffe</td></tr>
<tr><td colspan="2">Verweis auf die ISO 9000:2015.</td></tr>
<tr><td>4 Kontext der Organisation</td><td>4 Qualitätsmanagementsystem</td></tr>
<tr><td>4.1 Verstehen der Organisation und ihres Kontextes</td><td>Neu</td></tr>
<tr><td colspan="2">Das Verstehen des internen und externen Kontextes der Organisation ist eine neue Anforderung. Die Gestaltung und Umsetzung des Qualitätsmanagementsystems einer Organisation werden durch den Kontext der Organisation und die Änderungen innerhalb dieses Kontextes beeinflusst.</td></tr>
</table>

ISO 9001:2015	ISO 9001:2008
	4.2 Dokumentationsanforderungen → jetzt in Abschnitt 7.5.
4.2 Verstehen der Erfordernisse und Erwartungen interessierter Parteien	Neu
Bei den interessierten Parteien geht es um jene, welche die Fähigkeit der Organisation beeinflussen, Kundenanforderungen und die zutreffenden gesetzlichen und behördlichen Anforderungen zu erfüllen. Die „relevanten" Anforderungen dieser interessierten Parteien sind zu bestimmen.	
4.3 Festlegen des Anwendungsbereichs des QMS	4.2.2 Dokumentation der Ausschlüsse im Handbuch
Die explizite Ausschlussmöglichkeit von Anforderungen im Abschnitt Produktrealisierung ist nicht mehr vorgesehen. Der Anwendungsbereich, inklusive möglicher Anforderungen, die „nicht zutreffend" sind, muss von der Organisation festgelegt und dokumentiert werden.	
4.4 QMS und dessen Prozesse	4.1 Allgemeine Anforderungen
Der Prozessansatz wurde wesentlich vertieft (vgl. Abschnitt 0.1 und 4.1 ISO 9001:2008), einige zentrale Zusatzforderungen (Leistungsindikatoren, Verantwortlichkeiten, Eingaben/Ergebnisse) wurden aufgenommen. Die Anforderungen für die Prozesse sind hier in diesem Abschnitt zusammengefasst.	
	4.2 Dokumentationsanforderungen → siehe Abschnitt 7.5.
5 Führung	5 Verantwortung der Leitung
5.1.1 Führung und Verpflichtung	5.1 Verpflichtung der Leitung
Hier finden sich wesentliche Vertiefungen der Anforderungen in Richtung Führungsverantwortung der obersten Leitung.	
5.1.2 Kundenorientierung	5.2 Kundenorientierung
Auch in Bezug auf die Kundenorientierung und die Erfüllung von Kundenanforderungen wurde die Verantwortung der obersten Leitung verstärkt.	

<table>
<tr><th>ISO 9001:2015</th><th>ISO 9001:2008</th></tr>
<tr><td>5.2 Qualitätspolitik</td><td>5.3 Qualitätspolitik</td></tr>
<tr><td>5.2.1 Die Qualitätspolitik entwickeln</td><td></td></tr>
<tr><td colspan="2">Die Qualitätspolitik muss weiterhin in aktueller Form als dokumentierte Information vorliegen.</td></tr>
<tr><td>5.2.2 Die Qualitätspolitik kommunizieren</td><td></td></tr>
<tr><td colspan="2">Die Qualitätspolitik muss verstanden und angewendet werden.</td></tr>
<tr><td></td><td>5.4 Planung → Abschnitt 6 im neuen Entwurf.</td></tr>
<tr><td>5.3 Rollen, Verantwortlichkeiten und Befugnisse in der Organisation</td><td>5.5 Verantwortung, Befugnis und Kommunikation; Abschnitt 5.5.3 interne Kommunikation → jetzt Abschnitt 7.4.</td></tr>
<tr><td colspan="2">Der Fokus liegt nun auf der Festlegung der Verantwortung und Entscheidungsbefugnis zu bestimmten Themen – der konkrete Begriff „Beauftragter der obersten Leitung“ wird nicht mehr verwendet. Es sind mehr Aufgaben festzulegen als in der Version 2008.</td></tr>
<tr><td></td><td>5.6 Managementbewertung → jetzt Abschnitt 9.3.</td></tr>
<tr><td>6 Planung</td><td>5.4 Planung</td></tr>
<tr><td>6.1 Maßnahmen zum Umgang mit Risiken und Chancen</td><td>Neu; jedoch vgl. 8.5.3 Vorbeugungsmaßnahmen.</td></tr>
<tr><td colspan="2">Dieser Abschnitt ist im Ansatz neu und bildet das Kernstück des risikobasierten Qualitätsmanagementsystems.</td></tr>
<tr><td>6.2 Qualitätsziele und Planung zu deren Erreichung</td><td>5.4.1 Qualitätsziele</td></tr>
<tr><td colspan="2">Die Anforderungen für die Qualitätsziele wurden wesentlich nachgeschärft (vgl. 5.4.1 ISO 9001:2008). Eine Maßnahmenplanung mit Detailvorgaben für die Umsetzung wird neu gefordert.</td></tr>
</table>

ISO 9001:2015	ISO 9001:2008
6.3 Planung von Änderungen	5.4.2 Planung des QMS
Es gibt nun explizite Anforderungen, was zu betrachten ist, wenn Änderungen stattfinden, und dass diese geplant zu erfolgen haben.	
7 Unterstützung	6 Management der Ressourcen
7.1 Ressourcen	6.1 Bereitstellung von Ressourcen
7.1.1 Allgemeines	
Leistungsfähigkeit und Einschränkungen von bestehenden internen Ressourcen sind zu betrachten.	
7.1.2 Personen	6.2 Personelle Ressourcen
Die Personen, die notwendig sind für eine wirksame Umsetzung des Qualitätsmanagementsystems inklusive der Prozesse, sind bereitzustellen.	
7.1.3 Infrastruktur	6.3 Infrastruktur
Keine relevante Änderung.	
7.1.4 Prozessumgebung	6.4 Arbeitsumgebung
Die Terminologie wurde geändert, eine Anmerkung gibt konkrete Beispiele für physikalische, soziale und psychische Faktoren.	
7.1.5 Ressourcen zur Überwachung und Messung	7.6 Lenkung von Überwachungs- und Messmitteln
Hier wurde der derzeitige Abschnitt 7.6 untergebracht, weil Überwachungs- und Messmittel auch als Ressourcen betrachtet werden. Der Abschnitt gliedert sich in zwei Teile: Der erste ist für alle Messmittel anwendbar (gültige und zuverlässige Ergebnisse), der zweite beschäftigt sich mit spezifischen Fragen der messtechnischen Rückführbarkeit sowie Kalibrierung und Verifizierung.	

<table>
<tr><th>ISO 9001:2015</th><th>ISO 9001:2008</th></tr>
<tr><td>7.1.6 Wissen der Organisation</td><td>Neu</td></tr>
<tr><td colspan="2">Diese Anforderung ist neu. Gefordert werden Wissensidentifikation, -bewahrung, -verteilung und -erwerb. Zwei Anmerkungen erläutern diesen Abschnitt.</td></tr>
<tr><td>7.2 Kompetenz</td><td>6.2.2 Kompetenz, Schulung und Bewusstsein</td></tr>
<tr><td colspan="2">Der Fokus liegt nun auf der Kompetenz; Schulung ist ein Mittel (unter anderen), diese zu erreichen. Die Definition des Begriffes Kompetenz wurde verändert.</td></tr>
<tr><td>7.3 Bewusstsein</td><td>6.2.2 Kompetenz, Schulung und Bewusstsein</td></tr>
<tr><td colspan="2">Bewusstsein wird als eigene Anforderung in der Relevanz gestärkt (vgl. 6.2.2 ISO 9001:2008).</td></tr>
<tr><td>7.4 Kommunikation</td><td>5.5.3 Interne Kommunikation</td></tr>
<tr><td colspan="2">Interne und externe Kommunikation ist umfasst, es ist festzulegen, wer was wann mit wem und wie kommuniziert
(vgl. 5.5.3 ISO 9001:2008, fordert interne Kommunikation).</td></tr>
<tr><td>7.5 Dokumentierte Information</td><td>4.2 Dokumentations-anforderungen</td></tr>
<tr><td colspan="2">Der Begriff „dokumentierte Information" löst die bekannten Begriffe „Dokument", „Aufzeichnung", „dokumentiertes Verfahren" etc. ab. Die Dokumentation kann besser für die Organisation maßgeschneidert werden (vgl. 4.2 ISO 9001:2008).

Der Begriff „Qualitätshandbuch" wird nicht mehr verwendet.</td></tr>
<tr><td>7.5.1 Allgemeines</td><td>4.2.1 Allgemeines
4.2.2 Qualitätsmanagement-handbuch</td></tr>
<tr><td colspan="2">Ein Handbuch ist nicht mehr gefordert.</td></tr>
<tr><td>7.5.2 Erstellen und Aktualisieren</td><td></td></tr>
</table>

<table>
<tr><th>ISO 9001:2015</th><th>ISO 9001:2008</th></tr>
<tr><td>7.5.3 Lenkung dokumentierter Information</td><td>4.2.3 Lenkung der Dokumente</td></tr>
<tr><td colspan="2">Die Anforderungen bezüglich Dokumentenlenkung wurden vereinfacht.</td></tr>
<tr><td>8 Betrieb</td><td>7 Produktrealisierung</td></tr>
<tr><td>8.1 Betriebliche Planung und Steuerung</td><td>7.1 Planung der Produktrealisierung</td></tr>
<tr><td colspan="2">Die Anforderungen in die Planung wurden geschärft, speziell im Hinblick auf die Kriterien, welche für diese Prozesse festzulegen sind, und darauf abgestellte Steuerungsmaßnahmen. Unbeabsichtigte Änderungen müssen nun adressiert werden.</td></tr>
<tr><td>8.2 Anforderungen an Produkte und Dienstleistungen</td><td>7.2 Kundenbezogene Prozesse</td></tr>
<tr><td>8.2.1 Kommunikation mit den Kunden</td><td>7.2.3 Kommunikation mit den Kunden</td></tr>
<tr><td colspan="2">Falls relevant, sind mit Kunden auch Vereinbarungen zu deren Eigentum und Notfallmaßnahmen zu schließen.</td></tr>
<tr><td>8.2.2 Bestimmen der Anforderungen in Bezug auf Produkte und Dienstleistungen</td><td>7.2.1 Ermittlung der Anforderungen in Bezug auf das Produkt</td></tr>
<tr><td colspan="2">Es ist sicherzustellen, dass die Anforderungen an Produkte und Dienstleistungen festgelegt sind und Behauptungen erfüllt werden können.</td></tr>
<tr><td>8.2.3 Überprüfung von Anforderungen in Bezug auf Produkte und Dienstleistungen</td><td>7.2.2 Bewertung der Anforderungen in Bezug auf das Produkt</td></tr>
<tr><td colspan="2">Auch Anforderungen an Produkte und Dienstleistungen, die die Organisation selbst stellt, sind zu überprüfen.</td></tr>
</table>

<table>
<tr><th>ISO 9001:2015</th><th>ISO 9001:2008</th></tr>
<tr><td>8.2.4 Änderungen von Anforderungen an Produkte und Dienstleistungen</td><td></td></tr>
<tr><td colspan="2">Bisher nur marginal in 7.2.2 erwähnt, werden Änderungen von Anforderungen nun zu einem eigenen Abschnitt.</td></tr>
<tr><td>8.3 Entwicklung von Produkten und Dienstleistungen</td><td>7.3 Entwicklung</td></tr>
<tr><td colspan="2">Der Bereich Entwicklung hat sich in Struktur und Text verändert, im Grundinhalt ist es jedoch ähnlich. Detailvorgaben für Entwicklungsbewertung, -verifizierung, -validierung und die Lenkung der Entwicklungsänderungen werden vereinfacht.</td></tr>
<tr><td>8.3.1 Allgemeines</td><td></td></tr>
<tr><td colspan="2">Ein Entwicklungsprozess muss eingerichtet, umgesetzt und aufrechterhalten werden.</td></tr>
<tr><td>8.3.2 Entwicklungsplanung</td><td>7.3.1 Entwicklungsplanung</td></tr>
<tr><td colspan="2">Es ist nicht vorgegeben, was festzulegen ist, sondern was bei der Planung zu berücksichtigen ist. Diese Liste umfasst aber viel mehr Punkte als in der ISO 9001:2008.</td></tr>
<tr><td>8.3.3 Entwicklungseingaben</td><td>7.3.2 Entwicklungseingaben</td></tr>
<tr><td colspan="2">Erforderliche interne und externe Ressourcen und mögliche Konsequenzen aus Fehlern aufgrund der Art der Produkte und Dienstleistungen sind zu bestimmen.</td></tr>
<tr><td>8.3.4 Steuerungsmaßnahmen für die Entwicklung</td><td>7.3.4 Entwicklungsbewertung
7.3.5 Entwicklungsverifizierung
7.3.6 Entwicklungsvalidierung</td></tr>
<tr><td colspan="2">Hier sind Vorgaben zu Reviews, Validierung und Verifizierung zusammengefasst. Die Vorgaben sind vereinfacht im Vergleich zur ISO 9001:2008.</td></tr>
<tr><td>8.3.5 Entwicklungsergebnisse</td><td>7.3.3 Entwicklungsergebnisse</td></tr>
<tr><td colspan="2">Anwendbare Überwachungs- und Messmittel werden zusätzlich als Ergebnisse gefordert sowie Dokumentation zu den Ergebnissen.</td></tr>
</table>

<table>
<tr><th>ISO 9001:2015</th><th>ISO 9001:2008</th></tr>
<tr><td>8.3.6 Entwicklungsänderungen</td><td>7.3.7 Lenkung von Entwicklungsänderungen</td></tr>
<tr><td colspan="2">Sprachliche Vereinfachung, einige Details weggelassen.</td></tr>
<tr><td>8.4 Steuerung von extern bereitgestellten Prozessen, Produkten und Dienstleistungen</td><td>7.4 Beschaffung</td></tr>
<tr><td colspan="2">„Beschaffung“ und „ausgegliederte Prozesse“ werden hier zusammengefasst. Es wird einheitlich der Begriff „externe Bereitstellung von Produkten und Dienstleistungen“ verwendet.</td></tr>
<tr><td>8.4.1 Allgemeines</td><td>7.4.1 Beschaffungsprozess</td></tr>
<tr><td colspan="2">Hier wird definiert, was unter „externe Bereitstellung“ fällt. Kriterien für Beurteilung, Auswahl, Überwachung und Neubeurteilung müssen festgelegt und angewendet werden.</td></tr>
<tr><td>8.4.2 Art und Umfang der Steuerung</td><td>7.4.3 Verifizierung der beschafften Produkte</td></tr>
<tr><td colspan="2">Ausgelagerte Prozesse sind Teil des eigenen Qualitätsmanagementsystems.

Die Art und der Umfang der Steuerung können unterschiedlich gestaltet werden, je nach Einfluss auf eigene Produkte/Dienstleistungen und entsprechend der Wirksamkeit des QMS des Bereitstellers.</td></tr>
<tr><td>8.4.3 Informationen für externe Anbieter</td><td>7.4.2 Beschaffungsangaben</td></tr>
<tr><td colspan="2">Genauere Anforderungen, welche Informationen externen Anbietern zur Verfügung gestellt werden müssen.</td></tr>
<tr><td>8.5 Produktion und Dienstleistungserbringung</td><td>7.5 Produktion und Dienstleistungserbringung</td></tr>
</table>

<table>
<tr><th>ISO 9001:2015</th><th>ISO 9001:2008</th></tr>
<tr><td>8.5.1 Steuerung von Produktion und Dienstleistungserbringung</td><td>7.5.1 Lenkung der Produktion und der Dienstleistungs-erbringung
7.5.2 Validierung der Prozesse zur Produktion und zur Dienstleistungserbringung</td></tr>
<tr><td colspan="2">Der Prozessansatz und die Kompetenz rücken in den Fokus, die Prozessvalidierung wird weniger stark geregelt (vgl. 7.5.1 und 7.5.2 ISO 9001:2008).</td></tr>
<tr><td>8.5.2 Kennzeichnung und Rückverfolgbarkeit</td><td>7.5.3 Kennzeichnung und Rückverfolgbarkeit</td></tr>
<tr><td colspan="2">Begriffsänderung und -klärung durch das Ändern von „Produkt“ auf „(Prozess-)Ergebnisse“.</td></tr>
<tr><td>8.5.3 Eigentum der Kunden oder der externen Anbieter</td><td>7.5.4 Eigentum des Kunden</td></tr>
<tr><td colspan="2">Nun wird nicht nur das Eigentum der Kunden, sondern auch der externen Anbieter geschützt. Geistiges Eigentum und personenbezogene Daten sind mitumfasst.</td></tr>
<tr><td>8.5.4 Erhaltung</td><td>7.5.5 Produkterhaltung</td></tr>
<tr><td>8.5.5 Tätigkeiten nach der Lieferung</td><td>Vgl. Abschnitt 7.2.1.</td></tr>
<tr><td colspan="2">Die Anforderungen an die Tätigkeiten nach der Lieferung werden explizit beschrieben. Die Lebensdauer der Produkte/Dienstleistungen ist zu berücksichtigen.</td></tr>
<tr><td>8.5.6 Überwachung von Änderungen</td><td>Neu, vgl. Abschnitt 7.5.2.</td></tr>
<tr><td colspan="2">Änderungen müssen überprüft und gesteuert, dokumentierte Informationen darüber (inklusive Autorisierung) aufbewahrt werden.</td></tr>
<tr><td></td><td>7.6 Lenkung der Überwachungs- und Messmittel → jetzt in Abschnitt 7.1.5.</td></tr>
</table>

<table>
<tr><th>ISO 9001:2015</th><th>ISO 9001:2008</th></tr>
<tr><td>8.6 Freigabe von Produkten und Dienstleistungen</td><td>8.2.4 Überwachung und Messung des Produkts</td></tr>
<tr><td>8.7 Steuerung nichtkonformer Ergebnisse</td><td>8.3 Lenkung fehlerhafter Produkte</td></tr>
<tr><td colspan="2">Vgl. 8.3 ISO 9001:2008. Textliche Präzisierungen (anwendbar auch für Produkte nach Lieferung bzw. während/nach der Dienstleistungserbringung); Dokumentationsanforderungen ausgeweitet (Wer hat Entscheidungen bezüglich Fehlern getroffen?).</td></tr>
<tr><td>9 Bewertung der Leistung</td><td>8 Messung, Analyse und Verbesserung</td></tr>
<tr><td>Überwachung und Messung sind jetzt in einem eigenen Abschnitt.</td><td></td></tr>
<tr><td>9.1 Überwachung, Messung, Analyse und Bewertung</td><td></td></tr>
<tr><td>9.1.1 Allgemeines</td><td>8.1 Allgemeines
8.2 Überwachung und Messung
8.2.3 Überwachung und Messung von Prozessen
8.2.4 Überwachung und Messung von Produkten</td></tr>
<tr><td colspan="2">Die Organisation muss bestimmen, was gemessen und überwacht wird. Die Anforderungen an Überwachung und Messung sind detaillierter: Was wann und mit welchen Methoden gemessen wird, ist festzulegen und auch, wann Ergebnisse analysiert und bewertet werden. Dokumentierte Information als Nachweis über die Ergebnisse ist aufzubewahren. Die Abschnitte für das Überwachen und Messen von Produkten bzw. Prozessen gibt es nicht mehr.</td></tr>
<tr><td>9.1.2 Kundenzufriedenheit</td><td>8.2.1 Kundenzufriedenheit</td></tr>
<tr><td colspan="2">Die Definition der Kundenzufriedenheit hat sich verändert – die Erfüllung der Erfordernisse und Erwartungen der Kunden ist zu erheben und nicht nur die Anforderungen (also die festgelegten Erwartungen).</td></tr>
</table>

<table>
<tr><th>ISO 9001:2015</th><th>ISO 9001:2008</th></tr>
<tr><td></td><td>8.3 Lenkung fehlerhafter Produkte → jetzt in Abschnitt 8.7.</td></tr>
<tr><td>9.1.3 Analyse und Bewertung</td><td>8.4 Datenanalyse</td></tr>
<tr><td colspan="2">Die Forderungen wurden verstärkt: Es wird nun genau angegeben, was auf Basis der Daten zu bewerten ist.</td></tr>
<tr><td>9.2 Internes Audit</td><td>8.2.2 Internes Audit</td></tr>
<tr><td colspan="2">Das Auditprogramm muss auch Änderungen mit Einfluss auf die Organisation berücksichtigen.</td></tr>
<tr><td>9.3 Managementbewertung</td><td>5.6 Managementbewertung</td></tr>
<tr><td colspan="2">Das Thema ist in drei Abschnitte aufgeteilt.</td></tr>
<tr><td>9.3.1 Allgemeines</td><td>5.6.1 Allgemeines</td></tr>
<tr><td colspan="2">Managementbewertungen müssen die Angleichung an die strategische Ausrichtung der Organisation betrachten.</td></tr>
<tr><td>9.3.2 Eingaben für die Managementbewertung</td><td>5.6.2 Eingaben für die Bewertung</td></tr>
<tr><td colspan="2">Die Eingaben wurden wesentlich erweitert.</td></tr>
<tr><td>9.3.3 Ergebnisse der Managementbewertung</td><td>5.6.3 Ergebnisse der Bewertung</td></tr>
<tr><td>10 Verbesserung</td><td>8.5 Verbesserung</td></tr>
<tr><td>10.1 Allgemeines</td><td></td></tr>
<tr><td colspan="2">Verbesserung kann neben Korrektur, Korrekturmaßnahmen und kontinuierlicher Verbesserung auch Innovation, radikale Änderungen oder Reorganisation umfassen.</td></tr>
<tr><td>10.2 Nichtkonformität und Korrekturmaßnahmen</td><td>8.5.2 Korrekturmaßnahmen</td></tr>
<tr><td colspan="2">Die Dokumentationsanforderungen werden präzisiert. Ursachen und vergleichbare mögliche Nichtkonformitäten sind zu bestimmen sowie die bestimmten Risiken und Chancen (Kapitel 6.1) zu aktualisieren, wenn notwendig.</td></tr>
</table>

ISO 9001:2015	ISO 9001:2008
10.3 Fortlaufende Verbesserung	8.5.1 Ständige Verbesserung
Formulierungen angepasst an neue Kapitelstruktur.	
	8.5.3 Vorbeugungsmaßnahmen entfällt, vgl. Abschnitt 6.1.

Anforderungen der DIN EN ISO 9001:2015

Die Anforderungen der ISO 9001 beginnen im vierten Abschnitt. Für das Verständnis der Norm ist es allerdings wichtig, auch die einführenden Abschnitte zu lesen. Die Einleitung erläutert die wesentlichen Konzepte, die der Norm zugrunde liegen: den prozessorientierten Ansatz, den PDCA-Zyklus (Plan, Do, Check, Act) und das Konzept des risikobasierten Denkens. Die Einführung enthält auch die einzigen beiden Grafiken, die in der Norm enthalten sind und die Anwendern eine Orientierungshilfe geben sollen. Die Anforderungen sind dabei entsprechend dem PDCA-Zyklus in einer Übersicht dargestellt (vgl. Bild 6).

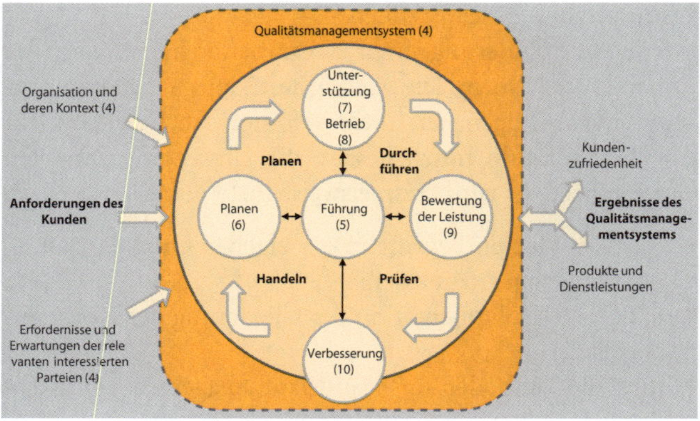

Bild 6: *Übersicht über die Normanforderungen aus der ISO 9001 (in Anlehnung an ISO 9001:2015, Einleitung)*

Die Begriffe sind nicht direkt in der Norm enthalten, sondern es wird auf die ISO 9000:2015 verwiesen.

Bei den Begriffen haben sich einige wesentliche Änderungen ergeben. Einige Änderungen beruhen auf der Anwendung eines gemeinsamen Rahmens zur Entwicklung von Managementsystemnormen. Dadurch sind auch die Begriffe vereinheitlicht worden.

Zum Beispiel werden die Begriffe „Dokument“ und „Aufzeichnung“ durch den Begriff „dokumentierte Information“ ersetzt. Ob es sich um ein Vorgabe- oder Nachweisdokument handelt, ist nun über das begleitende Zeitwort zu verstehen: Bei Aufzeichnungen wird die Formulierung „dokumentierte Information aufbewahren“ in der Norm benutzt, bei Vorgabedokumenten die Formulierung „dokumentierte Information aufrechterhalten“.

In der Norm wird nun durchgehend von Produkten und Dienstleistungen gesprochen, um den Stellenwert der Dienstleistungen besser hervorzuheben.

Weitere Erläuterungen zur Norm befinden sich auch im Anhang A der Norm. Die wichtigsten Tipps aus diesem Anhang sind Aussagen, was nicht gefordert ist. Dies kann für eine Organisation nützlich sein, die Umsetzungsvarianten einzugrenzen. Es wird beispielsweise nicht gefordert:

- die verwendeten Begriffe in der eigenen Organisation jener der Norm anzupassen,
- die eigene Dokumentation der Gliederung der Norm anzugleichen,
- formelle Methoden für das Risikomanagement abzuwenden oder einen dokumentierten Risikomanagementprozess umzusetzen.

Die Norm ISO 9001:2015 im Detail

4 Kontext der Organisation

4.1 Verstehen der Organisation und ihres Kontextes

WORUM GEHT ES?

- Bestimmung, Überwachung und Überprüfung der internen und externen Themen.
- Themen, die strategisch und für den Unternehmenszweck relevant sind.
- Themen, die sich auf beabsichtigte Ergebnisse des QMS auswirken.

WAS BRINGT ES?

Damit ein Qualitätsmanagementsystem sinnvoll aufgebaut werden kann, muss man verstehen, in welchem Umfeld man tätig ist. Was sind die wesentlichsten externen und internen Einflussfaktoren, wie rasch verändern sich diese und wie drastisch werden diese Änderungen ausfallen? Ein Managementsystem für ein international ausgerichtetes Internetunternehmen wird anders aussehen als für ein regionales Bildungshaus. Mit diesen Anforderungen soll sichergestellt werden, dass sich das Unternehmen mit diesen Themen auseinandersetzt und die daraus erforderlichen Veränderungen im System auch vornimmt. Dies ist wesentlich für die Zukunftssicherung der Organisation.

Angesprochen werden dabei sowohl externe Themen, wie z. B. Legislatur, Technologie, Wettbewerb, Markt, Gesellschaft, Kultur oder wirtschaftliche Entwicklung, als auch interne Themen, wie z. B. Werte, Kultur, Wissen, Kompetenzen oder Leistung.

WIE GEHE ICH VOR?

Die Bestimmung und Analyse des Umfeldes und der internen Themen erfolgt oft im Rahmen der Strategiearbeit. Es ist sinnvoll, dies dort zu belassen und die Ergebnisse dann für die weiteren Schritte (vgl. Abschnitt 6.1) zu verwenden.

Für kleine Unternehmen kann diese Bestimmung und Analyse im Rahmen von Strategiemeetings bzw. Meetings zur jährlichen Geschäftsplanung erfolgen. Oft werden dazu Inputs von Experten in der Organisation vorbereitet (z.B. Markt- und Mitbewerberanalyse von Marketing, Technologietrends durch die Entwicklungsabteilung oder Personalthemen durch Human Resources).

Methodisch kann die Auseinandersetzung mit diesen Themen mit verschiedenen, in der Strategiearbeit gängigen Werkzeugen unterstützt werden: Umfeldanalysen (z.B. SWOT-Analyse, PESTEL-Analyse oder Porters Five Forces) sind Beispiele für Methoden, die eine strukturierte Aufarbeitung der Themen unterstützen. Ein Beispiel für die Bestimmung von externen Themen zeigt Bild 7.

Die Sammlung und Vorbereitung der Themen sowie auch die Weise, wie diese Themen aktualisiert und bei Veränderungen neu analysiert werden, ist ein wichtiger Arbeitsschritt. Die dazu eingesetzten Methoden sollten sich möglichst gut in die schon bestehenden Strategieprozesse integrieren lassen.

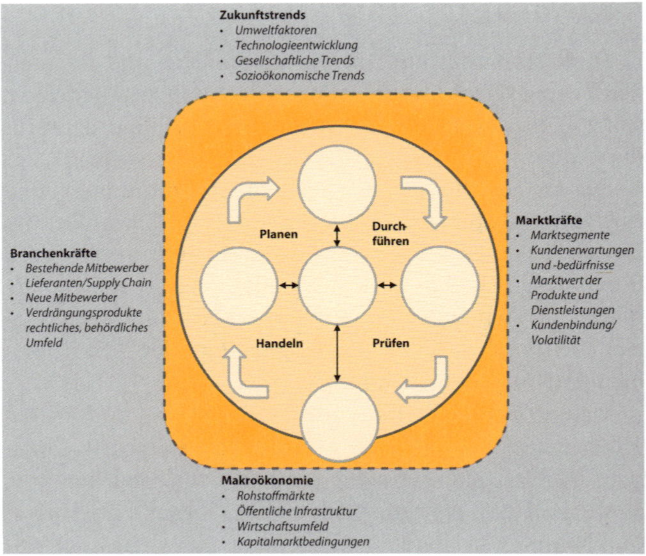

Bild 7: *Beispiel für eine Kategorisierung von Umfeldfaktoren*

4.2 Verstehen der Erfordernisse und Erwartungen interessierter Parteien

WORUM GEHT ES?

- Bestimmung der relevanten interessierten Parteien.
- Bestimmung der relevanten Anforderungen dieser interessierten Parteien.
- Diese Informationen überwachen und überprüfen.

WAS BRINGT ES?

Kein Unternehmen kann auf einen aktiven Umgang mit seinen Interessengruppen verzichten, wenn es langfristig erfolgreich tätig sein möchte. Entsprechend muss ein Ausgleich zwischen den Anliegen der verschiedenen Gruppen (z.B. Mitarbeitende – Eigentümer in Bezug auf Ressourcen, Kunden – Anrainer in Bezug auf Einsatz von Arbeitsstoffen, Behörden – Entwicklungspartner in Bezug auf Spielräume in der Produktentwicklung etc.) gefunden werden. Die Interessengruppen sind die wichtigsten Ansprechpartner für eine Organisation und bieten damit auch die größten Chancen für die Weiterentwicklung bzw. auch die größten Risiken für die Zielerreichung.

Durch das systematische Betrachten der Anforderungen von relevanten Interessengruppen, wie in der Norm gefordert, können diese Potenziale, aber auch einschränkende Rahmenbedingungen erkannt werden. Damit soll sichergestellt werden, dass die Erfordernisse und Erwartungen, wenn relevant, als Anforderungen definiert und damit in den Prozessen konsistent umgesetzt werden.

Die ISO 9001:2015 fordert keinen umfassenden Stakeholderansatz, sondern nur eine Analyse der interessierten Parteien mit Einfluss auf Produkte und Dienstleistungen bzw. die von Produkten und Dienstleistungen betroffen sind.

Speziell in Sektoren wie dem Gesundheitswesen oder Sozialbereich, wo Dienstleistungen und Produkte nicht ausschließlich von klassischen Kunden-Lieferanten-Beziehungen geprägt sind, bildet dieser Ansatz viel mehr die Realität der Festlegung von Anforderungen ab.

WIE GEHE ICH VOR?

Die Bestimmung der interessierten Parteien erfolgt oft im Rahmen der Strategiearbeit, weil dafür ein Gesamtblick auf die Organisation wesentlich ist. Die laufende Bestimmung der relevanten Anforderungen wird dann sehr oft von dem jeweiligen Stakeholder abhängen. So sind z.B. Behörden, die Einfluss auf die Zulassung von Produkten haben, Stakeholder, die meist in engem Kontakt mit der Entwicklungsabteilung stehen. Die Anforderungen von Eigentümern werden üblicherweise durch die Geschäftsleitung kanalisiert, jene der Mitarbeitenden durch die jeweiligen Führungskräfte (z.B. Produktionsleitung oder Personalleitung).

4.3 Festlegen des Anwendungsbereichs des Qualitätsmanagementsystems

WORUM GEHT ES?

- Bestimmung der Grenzen und die Anwendbarkeit des QMS.
- Anwendbare Anforderungen innerhalb dieses Anwendungsbereiches anwenden.
- Wenn Anforderungen als „nicht zutreffend“ erklärt werden, darf dies keinen Einfluss auf die Konformität von Produkten und Dienstleistungen oder die Erhöhung der Kundenzufriedenheit haben.
- Anwendungsbereich dokumentieren und aufrechterhalten. Beschreibung der Arten von Produkten und Dienstleistungen, und bei nicht zutreffend erklärten Anforderungen Begründungen festhalten.

WAS BRINGT ES?

In vielen Organisationen ist der Anwendungsbereich einfach mit der physischen und rechtlichen Unternehmensgrenze festgelegt, wie in einem typischen Einzelunternehmen. In anderen Organisationen, die in Konzernstrukturen über Matrixorganisationen eingebunden sind, ist es schwieriger, festzulegen, was im System ist, welche Prozesse ausgelagert und damit auch im System sind und welche von extern bezogen werden.

Mit der Festlegung des Anwendungsbereichs wird Klarheit geschaffen und werden Grenzen um das System gezogen. Für die Zertifizierung ist diese Festlegung eine grundlegende Basis.

WIE GEHE ICH VOR?

Wenn der Anwendungsbereich nicht automatisch durch eine abgegrenzte Organisationsstruktur gegeben ist, kann folgendermaßen vorgegangen werden:

1. Welche Produkte und Dienstleistungen bietet die Organisation an?
2. Welche Prozesse müssen dafür gesteuert werden – was kann als externes Produkt/Dienstleistung bezogen werden?
3. Welche Risiken und Chancen bestehen in Bezug auf diese Prozesse? Welche weiteren Prozesse müssen dafür gesteuert werden – was kann als externes Produkt/Dienstleistung bezogen werden?
4. Welche weiteren Prozesse werden für das Managementsystem (entsprechend der Norm) benötigt?

Mit dieser Vorgehensweise wird der Fokus auf die Wertschöpfungskette sowie die Kundenerwartungen gelegt.

4.4 Qualitätsmanagementsystem und seine Prozesse

WORUM GEHT ES?

- Aufbau, Verwirklichung, Aufrechterhaltung und fortlaufende Verbesserung eines QMS inklusive der erforderlichen Prozesse und deren Wechselwirkungen.
- Bestimmung der Prozesse und Festlegung der Anwendung innerhalb der Organisation:
  - Bestimmung von Input/Output, Abfolge und Wechselwirkungen der Prozesse.
  - Festlegung und Anwendung von Kriterien und Verfahren zum wirksamen Durchführen und Steuern – dies inkludiert Überwachung, Messung und verbundene Leistungsindikatoren.
  - Zuweisung von Verantwortlichkeiten und Befugnissen.
  - Behandlung der bestimmten Risiken und Chancen.
  - Bewertung dieser Prozesse.
  - Umsetzung jeglicher, notwendiger Änderung, damit beabsichtigte Ergebnisse erzielt werden.
  - Prozesse und QMS verbessern.
- Vorgabedokumentation zur Unterstützung der Durchführung der Prozesse.
- Aufzeichnungen zur Schaffung von Vertrauen, dass Prozesse wie geplant durchgeführt werden.

WAS BRINGT ES?

Dieser Abschnitt, der die Grundlagen des Prozessmanagements beschreibt, kann als das Kernelement der ISO 9001 gesehen werden: Die Anforderungen gelten für alle Prozesse des Qualitätsmanagementsystems, damit werden Planung, Steuerung, Messung, Leistung, Verantwortung und Verbesserung für alle Prozesse schon hier begründet. Effiziente Prozesse, deren Schnittstellen funktionieren und welche die geplanten Ergebnisse erreichen, sind das Fundament eines Qualitätsmanagementsystems.

Ohne „Prozesse" funktioniert kein Unternehmen, die konsistente Umsetzung entlang der ISO-9001-Anforderungen sichert Konsistenz und Durchgängigkeit.

WIE GEHE ICH VOR?

Der Einführung von Prozessmanagement widmet sich eine große Fülle von Literatur (z. B. auch Pocket-Power-Band Füermann/Dammasch 2008). Üblicherweise werden zuerst die Ist-Prozesse unter Einbezug der Betroffenen erhoben und abgebildet. Bei Bedarf werden diese dann auch noch optimiert, bevor sie festgelegt werden. Diese Festlegung umfasst die in der Norm genannten Elemente wie Eingaben, Ergebnisse, Ablauf, Schnittstellen und Wechselwirkungen sowie Leistungsindikatoren etc. Wechselwirkungen werden oft in einem „Prozessmodell" dargestellt. Je nach Branche kommen dabei unterschiedliche Werkzeuge zum Einsatz – von Textbeschreibungen über Flussdiagramme hin zu Modellierungen, die speziell an der Schnittstelle zu technischen Prozessen, wie z. B. in der IT, sinnvoll sind. Meist werden die Prozesse in

Form von Flußdiagrammen (vgl. Bild 8) oder als Schwimmbahnen (vgl. Bild 9) dargestellt. Flußdiagramme sind meist die einfachste und kompakteste Art einen Prozess darzustellen, bei Schwimmbahnen sind Schnittstellen besser zu erkennen.

Dadurch kann einersetis besser in der Umsetzung der Prozesse auf die Qualität der Schnittstellen geachtet werden und andererseits werden Potenziale für die Vereinfachung der Prozesse gut sichtbar.

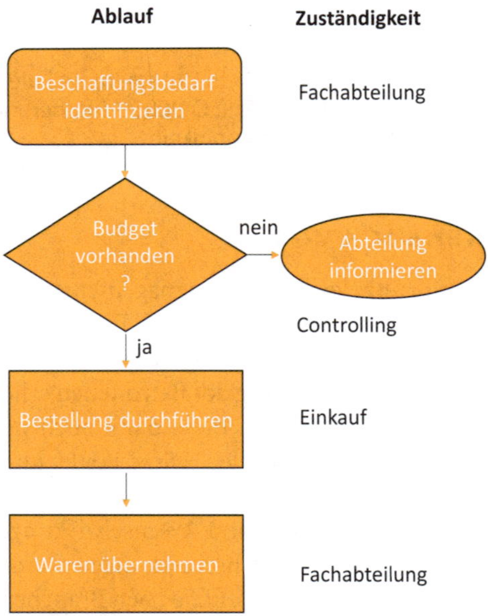

Bild 8: *Darstellung eines Prozesses durch ein Flußdiagramm*

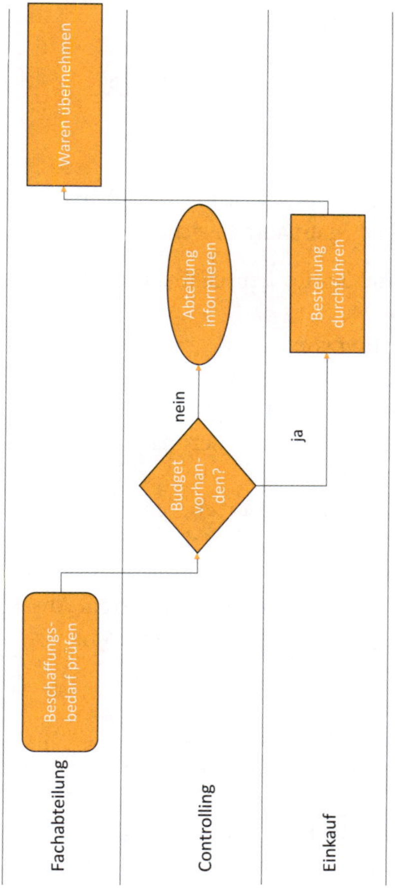

Bild 9: *Darstellung eines Prozesses durch ein Schwimmbahne-Diagramm*

5 Führung

5.1 Führung und Verpflichtung

WORUM GEHT ES?

Führung und Verpflichtung der obersten Leitung sollte durch folgende Maßnahmen sichergestellt werden:

- Übernahme der Rechenschaftspflicht für die Wirksamkeit des QMS.
- Sicherstellung von:
  - Festlegung von Qualitätspolitik und -zielen abgestimmt mit Kontext und Strategie,
  - Integration der Anforderungen des QMS in die Geschäftsprozesse,
  - erforderlichen Ressourcen,
  - Erzielung der Ergebnisse des QMS.
- Förderung von:
  - Anwendung des prozessorientiertem Ansatzes,
  - Anwendung des risikobasierten Denkens,
  - Verbesserung.
- Vermittlung von:
  - Bedeutung eines wirksamen QMS,
  - Wichtigkeit der Erfüllung der Anforderungen des QMS.
- Personen engagieren, anleiten, unterstützen, damit diese zur Wirksamkeit des QMS beitragen.
- Führungskräfte unterstützen, um deren Führungsrolle aufzuzeigen.

In Bezug auf Kundenorientierung bei Führung und Verpflichtung sind folgende Aspekte sicherzustellen:

- Bestimmung, Verstehen und beständige Erfüllung von Kundenanforderungen und rechtlichen Anforderungen,
- Bestimmung und Behandlung von Risiken und Chancen mit Bezug auf Konformität von Produkten und Dienstleistungen bzw. Kundenzufriedenheit,
- Fokus auf die Verbesserung der Kundenzufriedenheit.

WAS BRINGT ES?

Der Beitrag der Geschäftsleitung bzw. der „obersten Leitung" ist wesentlich für den Erfolg eines Qualitätsmanagementsystems.

> Qualität erfordert eine konsequente Wertehaltung zur Qualität, durchgängige Regeln, eine entsprechende Qualitätskultur und daraus abgeleitetes, konsequentes Handeln.

Diese grundsätzliche Ausrichtung muss von der Geschäftsleitung als grundsätzliche Unternehmenskultur kommuniziert, unterstützt und vorgelebt werden. Konsequente Kundenorientierung kann nicht funktionieren, wenn die Geschäftsleitung z. B. Entscheidungen gegen die Kundeninteressen trifft bzw. nicht alle Handlungen nach diesen Grundsätzen ausrichtet.

Dem Kapitel der Führung – im Englischen „Leadership" – wird aufgrund dieser hohen Bedeutung ein breiter Raum in der Norm gewidmet. Dazu sind nicht nur die Managementaspekte wie Ziele, Ressourcen und Bewertungen wichtig, sondern auch die Förderung, Unterstützung und Kommunikation, also das persönliche Engagement und die Vorbildwirkung der Führungskräfte.

WIE GEHE ICH VOR?

Führung und Commitment ist ein Thema, das nicht mit einer „Methode" bearbeitet werden kann, es geht um die konsequente Führungsarbeit der Geschäftsleitung. Wenn die Geschäftsleitung einen Nutzen für die Erreichung der strategischen Ziele im Qualitätsmanagementsystem sieht und dieses als Führungswerkzeug verwendet, sind die Anforderungen meist automatisch erfüllt.

In manchen Fällen ist in der Führung noch nicht ausreichend Wissen über Qualitätsmanagementsysteme nach ISO 9001 vorhanden. Dann ist es wesentlich, zuerst aufzuzeigen, wie die Norm die Ziele der Organisation unterstützen kann, welche Ergebnisse damit erreicht werden können. Ein klarer Nutzenaspekt für das Unternehmen sollte erarbeitet werden.

Schwierig ist es, wenn eine Organisation zwar eine Zertifizierung anstrebt, aber möglichst wenig verändern bzw. weiterentwickeln möchte – denn Qualitätsmanagement heißt, laufend verbessern und sich entsprechend neuer Umfeldgegebenheiten weiterentwickeln.

> Qualitätsmanagement heißt, sich laufend zu verbessern und sich weiterzuentwickeln.

Eine andere Gefahr besteht darin, dass das Thema Qualitätsmanagement delegiert und ein Parallelsystem erschaffen wird. Die abgebildeten Prozesse existieren nur auf dem Papier und werden primär für den Auditor erhalten. Eine derartige Situation sollte vermieden werden, weil damit die eingesetzten Vorgehensweisen nicht nur unwirksam sind, sondern auch noch unproduktive Ressourcen verbrauchen. Deshalb ist es wesentlich für die Geschäftsleitung, zu verstehen, welche Flexibilitäten in der Umsetzung der Norm bestehen, damit sie ihren eigenen Führungsstil damit in Einklang bringen kann.

5.2 Politik

WORUM GEHT ES?

Festlegung, Umsetzung und Aufrechterhaltung der Qualitätspolitik durch die oberste Leitung umfasst folgende Aspekte:

- Angemessen für Zweck und Kontext der Organisation.
- Unterstützt die Strategie.
- Bietet einen Rahmen zum Festlegen von Zielen.
- Enthält Verpflichtung zu:
  - Erfüllung von Anforderungen,
  - fortlaufender Verbesserung des QMS.
- Bekanntmachung, Verstehen und Anwendung dieser Politik.
- Soweit angemessen, für relevante interessierte Parteien verfügbar.
- Qualitätspolitik muss dokumentiert vorliegen.

WAS BRINGT ES?

Während der Zweck der Organisation, also die „Mission" klarlegt, welche Tätigkeiten die Organisation ausübt, und die Vision und die verbundene Strategie die Richtung vorgeben und den Weg beschreiben, setzt die Politik einen Handlungsrahmen, der Werte und Kultur der Organisation widerspiegelt. Eine gute Politik vereint die Mitarbeitenden und schwört sie für gemeinsame Grundhaltungen ein. Sie gibt Klarheit, was die Organisation prägt und welche Verhaltensweisen bzw. Werte nicht zur Organisation passen. Sie kann unterstützen, aus Mitarbeitenden ein Team zu formen (vgl. Beispiel in Bild 8).

WIE GEHE ICH VOR?

Die Inhalte der Qualitätspolitik können als eigenes Dokument formuliert werden, werden aber oft Teil eines Leitbildes oder in einer integrierten Politik der Organisation aufgenommen. Damit diese von allen Mitarbeitenden akzeptiert wird, ist es wichtig, diese bei der Erstellung miteinzubeziehen. Es sollten auch keine Allgemeinplätze formuliert werden, sondern möglichst spezifische Handlungsgrundsätze für

Qualitätspolitik der Firma QWERTZ

Als Traditionsunternehmen in der Herstellung von Quarzgläsern sind für uns Qualität und Präzision unserer Produkte von höchstem Stellenwert.

Wir sind darauf spezialisiert, auf Kundenwünsche flexibel zu reagieren und sowohl große Serien als auch kleinere Mengen zu produzieren und zu liefern. Wir begleiten unsere Kunden von der Materialauswahl über die Preisfindung und den Bemusterungsprozess bis zum endgültigen Auftrag.

Unser Team besteht aus Spezialisten, die unmittelbaren Bezug zur Forschung haben und über langjährige Erfahrung in der Behandlung von Quarzgläsern verfügen.

Wir streben nach fairer, partnerschaftlicher und lang andauernder Zusammenarbeit mit unseren Kunden, Partnern und Lieferanten, um zum gegenseitigen Nutzen unsere Position als Technologieführer weiter ausbauen zu können.

Qualität verstehen wir als Ergebnis eines Prozesses, in dem wir unsere Leistungen kontinuierlich verbessern, um die an uns gestellten Anforderungen erfüllen zu können.

Bild 10: *Beispiel einer Qualitätspolitik*

die eigene Organisation. Je konkreter die Qualitätspolitik die eigene Organisation, die eigene Marke repräsentiert, desto mehr Aussagekraft gewinnt sie intern und auch extern.

5.3 Rollen, Verantwortlichkeiten und Befugnisse in der Organisation

WORUM GEHT ES?

Bei diesem Punkt geht es um das Zuweisen, Bekanntmachen und Verstehen von relevanten Rollen in der Organisation durch die oberste Leitung.

Folgende Verantwortlichkeiten und Befugnisse müssen zugewiesen sein:

- Sicherstellung von:
  - QMS erfüllt Anforderungen der ISO 9001,
  - Prozesse liefern beabsichtigte Ergebnisse,
  - Kundenorientierung wird in der gesamten Organisation gefördert,
  - Integrität des QMS bleibt bei Änderungen aufrechterhalten.
- Berichterstattung über Leistung und Verbesserungsmöglichkeiten, inklusive an oberste Leitung.

WAS BRINGT ES?

Wer ist wofür zuständig? Wer darf was entscheiden? Welche Freigabegrenzen bzw. Spielräume gibt es? … Wenn diese Fragen nicht geklärt sind, heißt dies für die Mitarbeitenden, dass sie mehrere Personen fragen müssen, dass Entscheidungswege unklar sind oder Entscheidungen nicht getroffen werden, weil sich niemand zuständig fühlt.

Die Klärung von Rollen, Verantwortlichkeiten und Befugnissen ist ein wesentliches Element für ein reibungsfreies Zusammenarbeiten.

Die Organisation hat den Freiraum und ist verantwortlich, Rollen zu definieren und diese inhaltlich auszugestalten. Für einige konkrete Themen müssen die Verantwortlichkeiten explizit benannt werden.

WIE GEHE ICH VOR?

Übliche Werkzeuge in Unternehmen sind Organigramme, Rollenbeschreibungen, Funktionsbeschreibungen und/oder Stellenbeschreibungen. Je nach Art und Größe des Unternehmens können die Zugänge sich hier unterscheiden. Wesentlich dabei ist nicht nur, dass es diese Festlegungen gibt, sondern dass diese auch aktuell sind und mit der gelebten Realität übereinstimmen. Damit Rollenbilder bekannt und verstanden werden, müssen sie mit den betroffenen Personen im Detail besprochen und abgestimmt, in der Organisation kommuniziert und möglichst transparent gemacht werden.

Rein formelle Rollenbeschreibungen, welche die aktuelle Verantwortungsteilung nicht abbilden oder die nur die betroffenen Personen kennen, stiften mehr Verwirrung als Nutzen.

6 Planung

6.1 Maßnahmen zum Umgang mit Risiken und Chancen

WORUM GEHT ES?

Bei Planungen ist der Kontext zu berücksichtigen (Berücksichtigung des Kontextes 4.1, 4.2) sowie Risiken und Chancen bestimmen bezüglich der Aspekte:

- Erzielung der durch das QMS beabsichtigten Ergebnisse,
- Verstärkung erwünschter Auswirkungen,
- Verhinderung/Verringerung unerwünschter Auswirkungen,
- Erreichung von Verbesserung.

Zudem beinhaltet dieses Kapitel die Planung von Maßnahmen (proportional zur möglichen Auswirkung auf Konformität von Produkten und Dienstleistungen) zum Umgang mit Risiken und Chancen, wie diese Maßnahmen in die Prozesse integriert und umgesetzt werden und die Wirksamkeit der Maßnahmen bewertet wird.

WAS BRINGT ES?

Die Wirtschaftswelt wird volatiler, unsicherer und komplexer. Aus diesen Unsicherheiten ergeben sich immer wieder neue Chancen für Unternehmen, sei es für das Produktportfolio, für ihre Serviceprozesse oder um neue Kundensegmente anzusprechen. Andererseits heißt Veränderung auch, dass Vorgehensweisen und Lösungsansätze aus der Vergangenheit oft nicht mehr funktionieren. Derartige Veränderungen treten in einer volatilen Welt häufig auf.

Unsicherheiten zu erkennen und deren Auswirkungen zu bewerten steht im Zentrum des risikobasierten Denkens. In einer komplexen, dynamischen Welt wird es zu einem zentralen Element des Qualitätsmanagements.

Risikobasiertes Denken soll Klarheit schaffen, welche Chancen für neue Kunden, Märkte, Produkte und Technologien und welche Risiken für die Erfüllung der Anforderungen bestehen, um adäquat und vorausschauend darauf reagieren zu können. Der Nutzen besteht letztendlich darin, dass man von Ereignissen – wie z.B. neue technische Entwicklungen, Marktveränderungen, Gesetzesänderungen, Katastrophen etc. – nicht unvorbereitet überrascht wird, sondern dazu schon Vorkehrungen getroffen hat.

WIE GEHE ICH VOR?

Das risikobasierte Denken sollte die gesamte Organisation durchziehen und auch in der Geschäftsleitung verankert sein. Dort findet die strategische Planung der Organisation statt und in diese sollte auch eine Betrachtung von Risiken und Chancen integriert sein. Je nach Größe der Organisation können mehrere Planungsebenen vorhanden sein. Dann ist ein differenzierter Ansatz günstig, z.B. dass für die Produktionsplanung oder im Projektgeschäft eigene Werkzeuge, die auf die jeweilige Aufgabe fokussieren, eingesetzt werden. Große Organisationen haben oft ein Corporate Risk Management mit einer systematischen, finanziellen Bewertung der einzelnen Risiken.

Je nach Organisationstyp und -größe können hier verschiedene Methoden eingesetzt werden – von qualitativen Betrachtungen hin zu ausdifferenzierten Portfoliodarstellungen mit quantitativer Bewertung. Eine verbreitete Form der Darstellung ist in Form eines Risiko-Portfolios (Bild 11). Dazu werden die Risiken in einer Liste erhoben und jeweils die Eintrittswahrscheinlichkeit und das erwartete Schadensaußmaß beurteilt. Für das Portfolio wird die Eintrittswahrscheinlichkeit auf einer Achse aufgetragen und auf der anderen Achse die Intensität der Folgen, also für negative Auswirkungen das erwartete Schadensausmaß. Die Anzahl von Risiken in jedem Feld kann durch die Größe eines Kreises im jeweiligen Feld visualisiert werden. In einer Portfolio-Darstellung können Risiken differenziert betrachtet werden. Speziell Risiken, die mit geringer Wahrscheinlichkeit eintreten, aber enorme Auswirkungen auf die Organisation haben sowie Risiken die sehr oft auftreten, bei denen jedes Einzelereignis geringe Auswirkungen hat, können so identifiziert

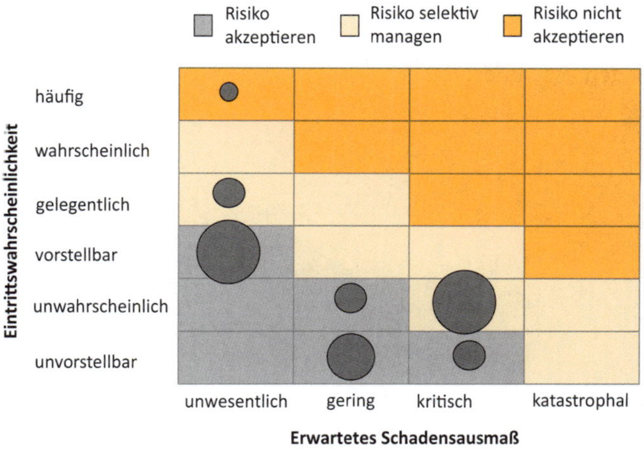

Bild 11: *Darstellung der Risiken in Form eines Risikoportfolios*

werden. Erstere werden gerne übersehen, weil unwahrscheinlich, zweitere werden als zu wenig signifikant abgetan – in der Summe können Sie aber erheblichen Schaden für das Unternehmen bedeuten. Auch für Chancen kann ein derartiges Portfolio erstellt werden: z.B. Realisierungswahrscheinlichkeit der Chance versus Marktpotenzial der Chance in Euro oder Produktmenge etc. Wichtig dabei ist viel mehr, ob man es schafft, über den Tellerrand hinauszublicken, also die eigenen Annahmen, wie das „Geschäft" läuft, zu hinterfragen und darin mögliche Risiken und Chancen zu erkennen. Die Norm unterstützt dies in den Anforderungen, die identifizierten internen und externen Faktoren und Erwartungen der interessierten Parteien zu berücksichtigen. Es sollte also ein breiter Kontext betrachtet werden und damit auch ermöglicht werden, neue Ansätze zu verfolgen, wenn es um mögliche Ansätze erarbeitet werden.

Wichtig für den Erfolg ist es, das risikobasierte Denken in der täglichen Routine zu verankern und systematisch Maßnahmen aus den identifizierten Chancen und Risiken abzuleiten (vgl. Bild 12).

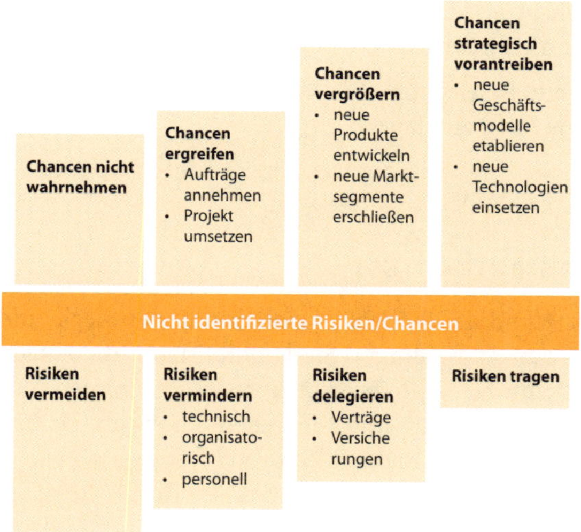

Bild 12: *Beispiele für Maßnahmen zum Umgang mit Risiken und Chancen*

6.2 Qualitätsziele und Planung zu deren Erreichung

WORUM GEHT ES?

In diesem Kapitel steht die Festlegung von Qualitätszielen für relevante Funktionen, Ebenen und Prozesse im Zentrum. Diese sollten

- messbar und im Einklang mit der Politik sein,
- zutreffende Anforderungen berücksichtigen,
- relevant für Konformität von Produkten, Dienstleistungen und Kundenzufriedenheit sein,

- Ziele überwachen und vermitteln,
- wenn erforderlich aktualisiert werden.

Qualitätsziele müssen dokumentiert und aufrechterhalten werden. Es ist zu planen

- was wer bis wann mit welchen Ressourcen macht,
- wie Ergebnisse bewertet werden.

WAS BRINGT ES?

Ziele sind das Bindeglied zwischen der Strategie und den operativen Maßnahmen. Sie konkretisieren die eingeschlagene Richtung, legen Prioritäten fest und stimmen Aktivitäten der Abteilungen und Menschen darauf ab. Dafür ist es erforderlich, diese Ziele widerspruchsfrei zu gestalten.

Dies wird gewährleistet, indem Ziele für „Ebenen, Funktionen und Prozesse" festgelegt, also Ziele in der Aufbauorganisation und Ablauforganisation konsistent gemacht werden. Oft werden Ziele nur für Abteilungen und dort als Einzelziele vereinbart. Prozesse laufen aber üblicherweise über verschiedene Abteilungen hinweg. Prozessziele können nur dann erreicht werden, wenn alle in die gleiche Richtung arbeiten, wenn zusätzlich entsprechende Teamziele vereinbart werden.

Ziele sollten über rein finanzielle Ziele hinausgehen, sie sollen zum aktiven Steuern und nicht nur zur Überprüfung von Ergebnissen angewendet werden. In einer dynamischen Geschäftswelt sind auch Ziele den aktuellen Gegebenheiten anzupassen, also zu aktualisieren.

Eine konsistente Maßnahmenplanung, die Ressourcen, Zeit und Inhalt berücksichtigt und auch die Bewertung der Ergebnisse enthält, unterstützt dabei, dass Ziele im Laufe der Zeit nicht einfach „verloren" werden, also durch neue Projekte und Prioritäten beiseitegeschoben werden.

WIE GEHE ICH VOR?

Was hier einfach und logisch klingt, ist in der Praxis meist eine veritable Herausforderung: Auf der strategischen Ebene sollten klare Ziele erarbeitet werden, die messbar sind und sich auf definierte Zeiträume beziehen. Diese Ziele sollten sich dann in den Individualzielen der Abteilungen bzw. in den Prozesszielen widerspiegeln. Eine noch bessere Planungsgrundlage erhält man, wenn schon zum Zeitpunkt der Zielvereinbarung mit festgelegt wird, wie dieses Ziel laufend verfolgt, bei Konflikten abgestimmt und die Zielerreichung gemessen wird. Dieser Prozess sollte nicht als formaler Overhead, sondern als faktisches Steuerungswerkzeug des Unternehmens anerkannt sein. Wichtig ist dabei, sich inhaltlich nicht zu übernehmen.

Wenige, anspruchsvolle und zukunftsorientierte Ziele können mehr bewegen als eine lange Reihe von Detailzielen, in denen die Prioritäten nicht erkennbar sind.

Für die Umsetzung sollten abhängig von der Komplexität der Maßnahme strukturierte Vorgehensweisen, wie z. B. Projektmanagement, eingesetzt werden.

6.3 Planung von Änderungen

WORUM GEHT ES?

Im Zentrum steht die Durchführung von Änderungen in geplanter Weise, entsprechend dem prozessorientierten Ansatz. Berücksichtigt werden:

- der Zweck der Änderung und eventuelle Konsequenzen,
- die Integrität des QMS,
- die Verfügbarkeit von Ressourcen,
- (Neu-)Festlegungen von Verantwortungen bezüglich Befugnissen.

WAS BRINGT ES?

Es soll sichergestellt werden, dass Änderungen geplant durchgeführt werden. Diese Änderungen können aus vielen Anlässen entstehen, ob nun Änderungen aufgrund neuer Umfeldbedingungen, als Ergebnis eines Audits oder einer Managementbewertung oder als identifizierte Verbesserung.

Konsequente Planung von Veränderungen kann die Organisation vor Rückschlägen, Fehlrichtungen, Ressourcenengpässen oder Kompetenzproblemen in der Umsetzung bewahren.

Eine konsequente Analyse, wie sich die Veränderung auf die Prozesse auswirkt, stellt Konsistenz her und verhindert Verwirrung, Abstimmungs- und Umsetzungsschwierigkeiten. Dies sind genau jene Punkte, die auch explizit in der Norm angesprochen werden.

Ziel ist es also nicht, nochmals neue „Veränderungen“ zu bestimmen, sondern sicherzustellen, dass bei allen Veränderungen – egal aus welcher Quelle sie resultieren – adäquate Planung zugrunde gelegt wird, also in einem Ausmaß, das der konkreten Aufgabe gerecht wird.

WIE GEHE ICH VOR?

Bei Veränderungen sollten mögliche Auswirkungen auf das Qualitätsmanagementsystem betrachtet und es sollte das „risikobasierte Denken" angewendet werden, z. B.: Könnten Produkteigenschaften betroffen sein? Könnte ein wesentlicher Prozess gestört werden? Könnten neue Kompetenzen erforderlich sein?

Davon abgeleitet sollten Maßnahmen geplant werden, um sicherzustellen, dass Prozesse auch während der Änderungen stabil laufen, und dadurch die Zielerreichung und die Konformität von Produkten und Dienstleistungen weiter gewährleistet werden.

Welche Maßnahmen getroffen werden, kann sehr unterschiedlich sein und hängt von der Art der Veränderung ab. Die Veränderung von eingesetzten Materialien für ein Produkt könnte beispielsweise Verifizierungsmaßnahmen erforderlich machen. Umbauarbeiten in einem Trainingscenter könnten die Verlagerung von Trainings erforderlich machen oder ein Helpdesk für Trainer und Kunden könnte benötigt werden. Die Eröffnung eines neuen Standortes könnte umfassende Planungsarbeiten erfordern.

7 Unterstützung

7.1 Ressourcen

WORUM GEHT ES?

Das Kapitel Ressourcen umfasst die Bestimmung und das Bereitstellen der erforderlichen Ressourcen für das QMS, unter Berücksichtigung, was extern bereitgestellt wird. Weiterführende Anforderungen gelten zu folgende Ressourcen:

- Bestimmung und Bereitstellung der notwendigen Personen.
- Bestimmung, Bereitstellung und Instandhaltung der erforderlichen Infrastruktur.
- Bestimmung, Bereitstellung und Aufrechterhaltung einer geeigneten Prozessumgebung.
- Bestimmung und Bereitstellung von Ressourcen zur Überwachung und Messung, die benötigt werden zur Überwachung und Messung der Konformität von Produkten und Dienstleistungen mit festgelegten Anforderungen für gültige und zuverlässige Ergebnisse. Aufbewahrung von Aufzeichnungen über die Eignung.
  Für Messmittel: Wenn erforderlich, entweder weil es eine Anforderung ist oder weil es wesentlich für die Gültigkeit der Messergebnisse ist:
  - Kalibrierung und/oder Verifizierung anhand von Messnormalen,
  - Kennzeichnung der Messmittel bezüglich des Status,
  - Sicherung vor Veränderungen.

  Falls festgestellt wird, dass ein Messmittel ungeeignet ist:

- Bestimmung, ob frühere Messergebnisse beeinträchtigt sind,
- Ergreifen von geeigneten Maßnahmen.

▶ Bestimmung des notwendigen Wissens für die Durchführung der Prozesse und zur Erreichung der Konformität von Produkten und Dienstleistungen.
Dieses Wissen:
- aufrechterhalten,
- soweit erforderlich zur Verfügung stellen,
- bei Neuerungen bestimmen, wie notwendiges Zusatzwissen und Aktualisierungen erlangt werden können oder darauf zugegriffen werden kann.

WAS BRINGT ES?

Adäquate Ressourcen sichern den Betrieb. Sie können in den meisten Branchen auch einen strategischen Vorteil bieten: Moderne, automatisierte Produktionsanlagen, Expertenwissen, integrierte und sichere IT-Lösungen sowie optimales, konfliktfreies Arbeitsklima sind Beispiele dafür.

Abhängig vom Unternehmenstyp werden unterschiedliche Arten von Ressourcen eingesetzt. Beispielsweise wird eine konfliktreduzierende Prozessumgebung bei der Arbeit mit Kindern oder Menschen mit Beeinträchtigungen eine Grundvoraussetzung sein. Moderne Produktionsanlagen werden essenziell sein, um in Europa kompetitiv produzieren zu können, Wissen ist in einer Informationsgesellschaft in vielen Branchen eine Schlüsselressource.

Unter Ressourcen fällt eine breite Palette: Gebäude, technische Maschinen und andere Infrastruktur, die „Prozessumgebung“, also jene Umgebung und Lokalitäten wo Menschen arbeiten, wo produziert wird bzw. Dienstleistungen erbracht werden, die Menschen selbst, die IT – in einer zunehmend digitalisierten Welt oft ein entscheidender Faktor –, Messmittel und Wissen. Letzteres ist erst im Jahr 2015 in die Norm aufgenommen worden und reflektiert die zunehmende Bedeutung von Wissen als Wertschöpfungsfaktor.

Die finanziellen Ressourcen sind nicht explizit genannt, jedoch die Grundlage, um benötigte Ressourcen anzuschaffen, zu verpflichten oder zu entwickeln. Deswegen sind Effizienz und Kosten-Nutzen-Optimierung neben den Anforderungen immer auch Aspekte, die in der Bestimmung von Ressourcen eine entscheidende Rolle spielen.

WIE GEHE ICH VOR?

In den meisten Unternehmen werden grundlegende Entscheidungen zur Verteilung und Weiterentwicklung von Ressourcen von der Geschäftsleitung getroffen. Deswegen ist die Managementbewertung ein guter Ausgangspunkt für diese Aufgabe (vgl. Abschnitt 9.3).

Die Bestimmung von Ressourcen ist keine isolierte Aufgabe, sondern sollte immer in Verbindungen mit Zielen, Ergebnissen oder Planungen thematisiert werden.

Darauf wird auch in der Norm an anderen Stellen hingewiesen, beispielsweise in den Abschnitten 5.1 und 6.2.2 – Verknüpfung Ziele mit Ressourcen, oder 8.1 – Verknüpfung mit der Konformität von Produkten und Dienstleistungen.

Es empfiehlt sich daher, Ressourcen als einen wesentlichen Punkt innerhalb des PDCA-Kreislaufes (Plan/Do/Check/Act) zu sehen:

- P: Bei Planungen (von Zielen oder Prozessen): Welche Ressourcen sind dafür notwendig?
- D: Bei der Umsetzung: Sind ausreichend Ressourcen vorhanden, um Konformität sicherzustellen?
- C: Bei der Analyse und Bewertung von Messergebnissen: Sind Ressourcen eine Ursache für erreichte Ergebnisse?
- A: In den Verbesserungen: Welche Ressourcen benötigen wir für unseren zukünftigen Erfolg?

Dieser Ansatz wird im Sinne der Kosteneffizienz oft defizitorientiert angewendet, d. h. mit dem Ziel der geringstmöglichen Ressourcen für die Erreichung von Konformität. Erfolgversprechender ist es, diesen Ansatz für eine zukunftsorientierte Positionierung der Organisation zu verwenden. Diese ist in der dargestellten PDCA-Logik schon enthalten, wird aber zum besseren Verständnis hier für die Phasen Planung und Durchführung akzentuiert:

- P: Welche Ressourcen (insbesondere IT, Menschen, Wissen) machen uns in der Zukunft erfolgreich und eröffnen uns Chancen bei Kunden?
- D: Werden diese Stärken von den Kunden als solche wahrgenommen? Können wir sie in den Prozessen zu unserem Vorteil nutzen?

7.2 Kompetenz

WORUM GEHT ES?

- Bestimmung der Kompetenz von Personen, die Tätigkeiten unter Aufsicht des Unternehmens durchführen.
- Sicherstellung der Kompetenz dieser Personen auf Basis von Ausbildung, Schulung oder Erfahrung.

- Einleitung, wenn erforderlich, von Maßnahmen zum Kompetenzerwerb.
- Aufbewahrung von Aufzeichnungen zur Kompetenz der Personen.

WAS BRINGT ES?

„Kompetenz ist die Fähigkeit, Wissen und Fertigkeiten anzuwenden, um beabsichtigte Ergebnisse zu erzielen“(vgl. ISO 9000). Diese Definition informiert darüber, wie das Nutzenpotenzial dieser Anforderungen verstanden werden kann. Der Fokus liegt darauf, dass Personen in der Lage sind, beabsichtigte Ergebnisse zu erzielen.

Kompetenz kann auf verschiedenen Säulen beruhen: Sie kann durch Ausbildung, Training, durch erworbene Fertigkeiten oder Erfahrung erworben werden. Wichtig dabei ist nicht, wie viele dieser Vorerfahrungen jemand erworben hat, sondern ob die Person aktuell in der Lage ist, die Aufgabenstellungen im Unternehmen lösen zu können.

Wenn alle Personen im Unternehmen – Geschäftsleitung, Führungskräfte, Angestellte und Arbeiter, freiberufliche Mitarbeitende und Aushilfen etc. – in dem genannten Sinne kompetent arbeiten können, ist eine wesentliche Grundlage für den Erfolg geschaffen.

Fehlende Kompetenz ist ein Risiko für die Erreichung der Ergebnisse bzw. die Konformität von Produkten und Dienstleistungen.

Aufgrund der Bedeutung von Kompetenz für die Zielerreichung sind Nachweise zur Kompetenz aufzubewahren. Dies können Prüfungsergebnisse, Abnahmen von Tätigkeiten, Beurteilungen von Arbeitsergebnissen, Ergebnisse im Rahmen von Mitarbeitergesprächen, durchgeführte Schulungen, u. v. a. sein.

WIE GEHE ICH VOR?

Bei der Umsetzung dieser Anforderungen sollte man den Fokus auf die Fähigkeit der Lösung von aktuellen, aber auch zukünftigen Aufgabenstellungen legen. Entsprechend sollten auch die Methoden, die dazu dienen, ob jemand die geeigneten Kompetenzen hat, die Tätigkeit und gewünschten Arbeitsergebnisse der Person reflektieren.

Es ist zu empfehlen, nicht nur die fachlichen Kompetenzen zu betrachten, sondern auch personale Kompetenzen, Aktivitäts- und Umsetzungskompetenzen und Sozial- und Kommunikationskompetenzen mit zu berücksichtigen.

Ein möglicher Ansatz wäre, die erforderlichen Kompetenzen mit in eine Rollen- oder Stellenbeschreibung aufzunehmen.

Zum Kompetenzerwerb sollten neben Training auch arbeitsintegrierte Formen eingesetzt werden wie z. B. Coaching, Jobrotation oder Jobenrichment. Dies trägt dem Umstand Rechnung, dass ein Großteil unseres Lernens im Beruf über informelles Lernen erfolgt, also direkt am Arbeitsplatz, nur der kleinere Teil wird über Trainings erworben.

Wenn Maßnahmen schon aufgrund einer klaren Zielkompetenz ausgewählt und vereinbart wurden, ist eine Bewertung der Wirksamkeit einfach.

Schwieriger ist die Bewertung, wenn z. B. Weiterbildungen nach dem Prinzip „Welche Weiterbildungen würden denn Sie gerne nächstes Jahr machen?“ ohne Kopplung an Ziele oder Joberfordernisse vereinbart werden. Dieses Vorgehen ist nicht zu empfehlen.

Zu einer punktgenaueren Planung von Maßnahmen ist es sinnvoll, folgende Fragen zu reflektieren:

- Welche Ziele verfolgen wir (als Unternehmen, als Abteilung)?
- Welche Rolle wird die Person dabei spielen?
- Welche Kompetenzen sind schon gut ausgeprägt? Welche sollten weiterentwickelt werden?
- Welche Maßnahmen mit welchem konkreten Umsetzungsziel sind die besten, um diese Weiterentwicklung zu erreichen?

7.3 Bewusstsein

WORUM GEHT ES?

Dieser Aspekt umfasst die Sicherstellung, dass Personen sich der Qualitätspolitik, der relevanten Qualitätsziele, ihres Beitrags zur Wirksamkeit des QMS inklusive der Vorteile einer besseren Leistung sowie der Folgen, wenn Anforderungen des QMS nicht erfüllt werden, bewusst sind.

WAS BRINGT ES?

Bewusstsein ist eine Arbeitshaltung. Die Begriffe „Bewusstsein“ und „Wissen“ unterscheiden sich vor allem in handlungsmotivierenden Aspekten: Wir alle *wissen*, dass unsichere Handlungen, wie z. B. Fahren ohne Sicherheitsgurt, die Wahrscheinlichkeit für Verletzungen bei Unfällen drastisch erhöhen. Und die meisten Menschen sind sich dessen *bewusst* und handeln dementsprechend.

Genau dies ist auch das Ziel dieses Abschnitts der Norm: Alle Mitarbeitenden sollen sich bewusst sein, welchen Beitrag sie zum Erreichen der Ergebnisse leisten, welche Ziele ihre Abteilung oder Arbeitsgruppe erreichen soll, was an ihrer persönlichen Tätigkeit wichtig ist und was passieren kann, wenn sie einen Fehler machen.

Menschen sind keine Maschinen, wo es reicht, genau zu sagen, welche drei Arbeitsschritte wiederholt durchzuführen sind. Bewusstsein für die Arbeit der Gruppe und der eigenen Tätigkeit hilft auch darin, Probleme frühzeitig zu erkennen und einzugreifen, auf Fehler anderer aufmerksam zu werden, Verbesserungen zu erkennen und ins Team einzubringen und so gemeinsam an den Zielen zu arbeiten.

WIE GEHE ICH VOR?

In vielen Unternehmen werden zum Thema Bewusstseinsbildung Schulungen abgehalten. In einigen Fällen werden diese durch „Multiple-Choice-Tests" abgeschlossen, damit überprüft werden kann, dass die Mitarbeitenden die Sachverhalte verstanden haben.

Als alleinige Handlungsmotivation ist dies in vielen Fällen nicht ausreichend. Bewusstsein als Arbeitshaltung hat eine tief emotionale Komponente und ist eng mit der Unternehmenskultur verknüpft. Es braucht ein klares Commitment zu einer Arbeitshaltung sowie die Vorbildwirkung der Führungskräfte und Konsequenz in der Handlung. Beispielsweise wenn sich Führungskräfte beim Besuch einer Baustelle nicht an Vorgaben zum Arbeitnehmerschutz in Bezug auf Schutzausrüstung halten, so wird die Wichtigkeit dieses Themas auch den Arbeitenden auf der Baustelle schwer vermittelbar sein.

Oder wenn Produkte im „Zweifelsfall" doch noch an den Kunden gesendet werden, auch wenn die Spezifikationen nicht zu 100 Prozent erfüllt wurden, dann wird ein Training mit dem Slogan „Qualität steht bei uns an erster Stelle" als

Lippenbekenntnis eingestuft werden. Ein Team wird in diesem Fall schwer von den Qualitätszielen zu überzeugen sein.

Bewusstsein heißt auch, Themen immer wieder ins Licht zu rücken und die gewünschte Haltung und Vorgehensweise zu thematisieren: wenn erforderlich auch bei der Geschäftsleitung mit dem Hinweis auf die möglichen Konsequenzen.

7.4 Kommunikation

WORUM GEHT ES?

Dieser Abschnitt bezieht sich auf die Bestimmung der QM-relevanten internen und externen Kommunikation, inklusive worüber wer wann mit wem wie kommuniziert.

WAS BRINGT ES?

Kommunikation ist ein zentrales Element in einem Managementsystem, vergleichbar mit Nervenbahnen, über die Informationen zwischen verschiedenen Teilen eines Organismus ausgetauscht werden.

Kommunikationsmängel sind einer der Hauptverursacher von Fehlern, entsprechend kann der Gestaltung von Kommunikation nicht genug Bedeutung beigemessen werden. In vielen Unternehmen wird die Kommunikation nicht aktiv gesteuert, sondern ergibt sich unreflektiert aus Gewohnheiten.

Kommunikation kann aber auch ein großer Zeitfresser sein – wenn beliebig Personen in die Kommunikation eingebunden werden.

WIE GEHE ICH VOR?

Kommunikation ist kein Selbstzweck. Die wesentlichen Informationsflüsse und Kommunikationswege sollten gesamtheitlich betrachtet werden und die Prozesse unterstützen. Folgende Aspekte sollte man dabei beachten:

- Schaffen von kurzen Wegen: Inhalte sollten direkt bei den Empfängern ankommen und nicht über Vermittler.
- Zielgruppengerecht: Welches Format (mündlich, schriftlich), welche Informationstiefe ist erforderlich und nützlich, wann kann Raum für dieses Thema geschaffen werden etc.?
- Interaktionsgrad: Sind es Informationen, die weitergegeben werden, oder besteht Bedarf an Diskussion und Austausch zu diesem Thema, müssen gemeinsame Entscheidungen getroffen werden?
- Ergebnissicherung: Welche Inhalte müssen bei Meetings protokolliert werden, wie werden Ergebnisse einer schriftlichen Diskussion festgehalten, wo werden Letztversionen von gemeinsam erarbeiteten Dokumenten gesichert?

7.5 Dokumentierte Information

WORUM GEHT ES?

- Dokumentation des QMS, welche
  - von der ISO 9001 gefordert wird,
  - das Unternehmen selbst als notwendig für ein wirksames QMS bestimmt hat.
- Sicherstellung bei der Erstellung und Aktualisierung dieser Dokumentation, dass angemessen gekennzeichnet und beschrieben wird, ein angemessenes Format gewählt wird sowie die Prüfung und Freigabe angemessen erfolgt.

- Lenkung dieser dokumentierten Information. Es geht um die Sicherstellung der Verfügbarkeit und Eignung für die Verwendung, wo und wann sie benötigt wird, und um einen angemessenen Schutz.
- Berücksichtigung, wenn zutreffend, von folgenden Tätigkeiten:
  - verteilen, zugreifen, finden und verwenden,
  - speichern (Ablage) und erhalten,
  - überwachen von Änderungen,
  - aufbewahren und verfügen über den weiteren Verbleib.
- Angemessene Kennzeichnung und Lenkung von externer dokumentierter Information.
- Schutz von Aufzeichnungen vor unbeabsichtigten Änderungen.

WAS BRINGT ES?

Der Begriff „Lenkung“ hat sich in der ISO-Welt als Übersetzung für den englischen Begriff „control“ etabliert. Und genau diese Bedeutung von Lenkung ist hier zentral: Welche Informationen benötigen wir? Wie und wo werden diese gespeichert? Wie werden sie klar identifiziert? Wie ist der Lebenszyklus dieser Informationen?

Information entsteht überall, ist auf vielfältigen Medien und Plattformen gespeichert und multipliziert sich über Kopien, E-Mail-Versand etc. täglich selbst. Entsprechend umfassend ist die Aufgabe, diese zu kategorisieren und zu lenken.

Die Ausgabe der ISO 9001 im Jahr 2015 räumt hier im Vergleich zur Vergangenheit mehr Flexibilität ein. So wurden z.B. Vorgaben für spezifische „dokumentierte Verfahren“ oder das Qualitätshandbuch gestrichen.

Die Bestimmung und Lenkung von dokumentierter Information bleibt jedoch eine wesentliche Anforderung. Dies kann man mit typischen Beispielen aus Organisationen darstellen, die sich mit dem Thema noch nicht auseinandergesetzt haben:

- Keine klaren Vorgaben, wie notwendige Dokumente und Arbeitsvorgaben gekennzeichnet werden sollen – oft haben hier verschiedene Abteilungen unterschiedliche Systeme oder gar keine.
- Keine einheitliche Vorgehensweise, wie lange Dokumente aufzuheben sind – und Unkenntnis über Konsequenzen im Fall von Haftungsfällen.
- Keine strukturierten Ablagen, Mehrfachablage von Dokumenten.
- Ineffiziente Verteilmechanismen, oft über E-Mail.

Neben den Gefahren, dass Menschen mit falschen Dokumenten arbeiten oder sie nicht aufgefunden werden, geht es in großem Maße auch um Effizienz: Wie viel Zeit wird verwendet, um unnötige Information auszusortieren (z. B. E-Mails), fehlende zu suchen (z. B. Vereinbarungen) oder um Nacharbeiten durchzuführen, weil alte Information verwendet wurde?

> Gerade in einem wissensgeprägten Wirtschaftsumfeld von hohem Digitalisierungsgrad kommt dem Thema „dokumentierte Information“ eine hohe Bedeutung auch in der Zukunft zu.

WIE GEHE ICH VOR?

Für Organisationen, die sich zum ersten Mal mit der ISO 9001 befassen, sind die Dokumentationsanforderungen üblicherweise eine hohe Herausforderung und hier speziell: die Dokumentenlenkung zu regeln und durchgängig zu etablieren. Eine mögliche Informationshierarchie ist im Bild 13 dargestellt.

Bild 13: *Beispiele von dokumentierter Information, kategorisiert in einer Informationspyramide*

Oft wird bei der Umsetzung eher zu viel dokumentiert, speziell bei Prozessbeschreibungen neigt man in der Anfangsphase dazu, zu viele Details aufzunehmen.

Deshalb ist es wichtig, die vorhandene dokumentierte Information und die festgelegten Vorgehensweisen in regelmäßigen Abständen zu überprüfen:

- Ist die gewählte Vorgehensweise noch zeitgemäß oder gibt es hier schon bessere, einfachere und besser integrierte Systeme, die uns unterstützen können?
- Haben wir die wichtigsten Bereiche geregelt?
- Gibt es Informations- oder Medienbrüche?

- Haben wir zu viel dokumentiert und verlieren dadurch die Mitarbeitenden den Überblick? Gibt es nicht genutzte Dokumente?

Üblicherweise neigt Dokumentation eher dazu, sich anzusammeln. Durch die gute Verfügbarkeit von Speichermedien wird Information langfristiger und manchmal auch mehrfach gespeichert. Zur Informationssicherung ist dies sinnvoll. Die handlungsrelevante Information sollte von jener, die archiviert wird, getrennt werden, und es sollte nur einen einzigen Punkt geben, an dem diese gültige Information abgerufen werden kann, damit für alle der Überblick gewahrt bleibt.

8 Betrieb

8.1 Betriebliche Planung und Steuerung

WORUM GEHT ES?

Hier geht es um die Planung, Verwirklichung und Steuerung von Prozessen zur Erfüllung der Anforderungen an die Bereitstellung von Produkten und Dienstleistungen sowie der Durchführung von Maßnahmen zum Umgang mit Risiken und Chancen. Dies gilt in geeigneter Form für die Betriebsabläufe:

- Bestimmung von Anforderungen an Produkte und Dienstleistungen.
- Festlegung von Kriterien für Prozesse und Annahmekriterien für Produkte und Dienstleistungen.
- Bestimmung der zur Erreichung von Produkt- und Dienstleistungskonformität notwendigen Ressourcen.
- Steuerung der Prozesse entsprechend den festgelegten Kriterien.
- Dokumentation:
  - zur Schaffung von Vertrauen, dass Prozesse wie geplant durchgeführt wurden,
  - als Nachweis der Konformität von Produkten und Dienstleistungen zu Anforderungen.

Überwachung von geplanten Änderungen, Beurteilung unbeabsichtigter Änderungen und, wo notwendig, Ergreifen von Maßnahmen, um negative Auswirkungen zu vermindern.

Zudem ist die Steuerung von ausgegliederten Prozessen sicherzustellen.

WAS BRINGT ES?

In diesem Abschnitt werden die Anforderungen an die wertschöpfenden Prozesse konkretisiert. Im Abschnitt 4.4 ging es noch um alle Prozesse des Qualitätsmanagementsystems, hier werden die betrieblichen Prozesse präzisiert. Das sind die Prozesse, die zur Herstellung von Produkten bzw. Erbringung von Dienstleistungen erforderlich sind. An dieser Stelle wird noch einmal präzisiert, was in einer Qualitätsplanung berücksichtigt werden sollte: von der Bestimmung der Anforderung über die Planung und Steuerung der Prozesse, Annahmekriterien, mit Risiken umgehen, Ressourcen, Dokumentation etc.

Wichtig in diesem Abschnitt sind die angesprochenen Änderungen. Weder geplante noch ungeplante Änderungen dürfen zu einem (vorübergehenden) Verlust der Prozesskontrolle bzw. zu fehlerhaften Produkten und Dienstleistungen führen. Nur wenn das Vorgehen für solche Situationen festgelegt ist, können hier Verwirrung und ineffiziente Kommunikation und unklare Entscheidungen und letztendlich Fehler vermieden werden.

Klar formuliert ist in diesem Abschnitt, dass die Ergebnisse für das jeweilige Geschäftsmodell und dessen Betriebsabläufe geeignet sein müssen. Diese Formulierung verstärkt die Grundausrichtung der Norm, dass adäquate der Komplexität des eigenen Geschäfts entsprechende Prozesse und Vorgehensweisen gestaltet und umgesetzt werden dürfen und müssen.

WIE GEHE ICH VOR?

Die Vorgehensweise ist in der Norm vorgezeichnet. Ausgehend vom Kontext und den interessierten Parteien in Verbindung mit Vision und Mission (vgl. Abschnitt 4) werden Risiken und Chancen bestimmt (vgl. Abschnitt 6) und entsprechend die Prozesse geplant. Kritische Prozesse, die ein hohes Produktrisiko aufweisen oder wo große Chancen in Bezug auf Kundenbindung und -zufriedenheit bestehen, wird man detaillierter planen als Prozesse mit weniger Einfluss auf Anforderungen und Erwartungen.

Diese Produktions- und Dienstleistungsprozesse sind auch in nicht zertifizierten Unternehmen üblicherweise gesteuert.

Viele der Anforderungen in diesem Abschnitt werden in den folgenden Teilabschnitten weiter konkretisiert.

8.2 Anforderungen an Produkte und Dienstleistungen

WORUM GEHT ES?

Die Kommunikation mit Kunden beinhaltet:

- Zur-Verfügung-Stellen von Informationen über Produkte und Dienstleistungen,
- Bearbeitung von Anfragen, Verträgen oder Aufträgen, inklusive Änderungen,
- Rückmeldungen durch Kunden zu den Produkten und Dienstleistungen (inklusive Reklamationen),
- Handhabung von Eigentum des Kunden,
- Erstellen von Anforderungen für Notfallmaßnahmen – wenn zutreffend.

Die Sicherstellung bei der Bestimmung der Anforderungen für Produkte und Dienstleistungen umfasst:

- Festlegung der Anforderungen, inklusive rechtlicher Anforderungen und jener, die von der Organisation notwendig gesehen werden,
- Erfüllung von Zusagen.

Die Fähigkeit, diese Anforderungen zu erfüllen, ist sicherzustellen. Dazu ist vor einer Lieferverpflichtung zu überprüfen:

- Kundenanforderungen, inklusive Anforderungen an Tätigkeiten nach der Lieferung,
- zusätzliche Anforderungen, die für Gebrauch, soweit bekannt, notwendig sind,
- vom Unternehmen festgelegte Anforderungen,
- produkt-/dienstleistungsrelevante rechtliche Anforderungen,
- geänderte Anforderungen im Vertrag/Auftrag.

Die im Vertrag/Auftrag geänderten Anforderungen sind zu klären.

Falls der Kunde keine dokumentierten Anforderungen macht, sind die Kundenanforderungen zu bestätigen.

Aufzeichnungen über die Ergebnisse dieser Überprüfung bzw. über neue Anforderungen an Produkte und Dienstleistungen sind aufzubewahren.

Bei Änderungen von Anforderungen ist sicherzustellen, dass die Dokumentation angepasst und zuständige Personen darüber informiert werden.

WAS BRINGT ES?

Zweck dieses Abschnitts ist die Klärung der folgenden Fragen:

- Was werden wir als Dienstleistung anbieten, tun bzw. herstellen?
- Sind wir in der Lage das herzustellen bzw. diese Dienstleistung zu erbringen?

Für einfache Zulieferteile oder Handelsgüter ist die erste Frage leicht zu lösen, aber für komplexe Produkte oder Anlagen und auch für Dienstleistungen ist die Klärung dieser Frage anspruchsvoller:

- Wie soll das Produkt bzw. die Dienstleistung aussehen? Was sind überprüfbare Merkmale? Diese Festlegung ist wesentlich, weil sie zur Messung der Konformität herangezogen werden.
- Sind alle anderen Anforderungen und auch gesetzliche, behördliche Anforderungen erhoben und festgelegt?
- Sind technische und kaufmännische Belange abgedeckt, sind andere Aspekte z. B. Anforderungen an den Lebenszyklus oder Notfallmaßnahmen mit berücksichtigt?

Klar festgelegte Anforderungen sind Voraussetzungen, damit die Produktion und/oder Dienstleistungserbringung geplant werden kann.

Im ersten Teilabschnitt geht es um die Kommunikation mit dem Kunden. Der Nutzen einer guten Kundenkommunikation durch Marketing, Sales, Projektmanager, Key Account Manager, im Rahmen des Beschwerdemanagements etc. muss nicht argumentiert werden. Nur zufriedene Kunden werden weiterhin Produkte und Dienstleistungen kaufen und bereit sein, die entsprechenden Preise dafür zu zahlen. Eine ausgezeichnete Kommunikation mit dem Kunden ist ein Schlüsselelement für den Erfolg eines Unternehmens.

WIE GEHE ICH VOR?

Der Prozess zur Festlegung und Überprüfung von Anforderungen wird sich je nach Organisationsart wesentlich unterscheiden, wie z. B.:

- Lieferanten, die Spezifikationen für ihre Teile von einem Kunden erhalten, werden primär die Machbarkeit im Rahmen der Herstellprozesse prüfen.
- Hersteller werden auf Basis von Marktforschung und Rückmeldung die Eigenschaften der nächsten Produktgeneration festlegen.
- Dienstleister werden die überprüfbaren Merkmale ihrer angebotenen Dienstleistung spezifizieren.

Entsprechend unterschiedlich sind die Ansätze für die Umsetzung. Während für Hersteller von technisch komplexen Produkten Methoden wie z. B. eine Requirement-Traceability-Matrix sinnvoll ist, könnten Dienstleister bzw. Hersteller von Produkten Methoden der Erfassung von Kundenerlebnissen einsetzen, um erfolgreiche Produkt- oder Dienstleistungsmerkmale zu etablieren. In einer Welt von zunehmend stärker integrierten Produkt-/Servicesystemen ist es sinnvoll, die Merkmale von Produkten und Dienstleistungen nach ihrem Wert für den Kunden zu verstehen. Dafür kann das Kano-Modell einen Kategorisierungsraster bieten (vgl. Bild 14).

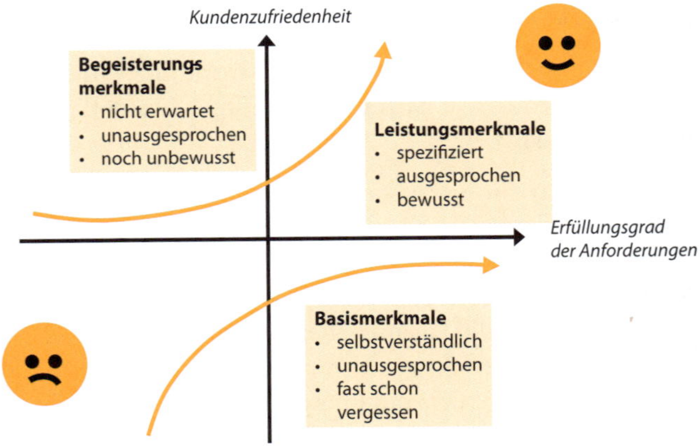

Bild 14: *Schematische Darstellung des Kano-Modells*

8.3 Entwicklung von Produkten und Dienstleistungen

WORUM GEHT ES?

In diesem Abschnitt geht es um die Erarbeitung, Umsetzung und Aufrechterhaltung eines geeigneten Entwicklungsprozesses, um die darauf folgende Produktion bzw. Dienstleistungserbringung sicherzustellen.

Berücksichtigung im Rahmen der Entwicklungsplanung:

- Art, Dauer, Umfang der Entwicklungstätigkeiten,
- erforderliche Phasen und Überprüfungen, Validierung und Verifizierung,
- Verantwortlichkeiten und Befugnisse,
- Ressourcenbedarf intern/extern,
- Notwendigkeit der Steuerung von Schnittstellen zwischen

Personen, bei Bedarf Einbindung von Kunden oder Anwendern,
- Produktions- bzw. Dienstleistungsanforderungen,
- vom Kunden oder von anderen interessierten Parteien erwartete Steuerungsebenen,
- erforderliche Dokumentation.

Die Produkt-/Dienstleistungsanforderungen als Entwicklungseingaben sind zu bestimmen. Dabei sollten folgende Aspekte beachtet werden:

- Funktions-/Leistungsanforderungen, rechtliche Anforderungen sowie Normen, Standards, freiwillige Leitfäden,
- Lessons Learned aus vorangegangenen Projekten, Fehlermöglichkeiten,
- Sicherstellung von Angemessenheit, Vollständigkeit und Eindeutigkeit der Eingaben,
- Bereinigung von Widersprüchlichkeiten,
- Entwicklungseingaben dokumentieren.

Die Entwicklung sollte gesteuert werden durch:

- Definition der Ergebnisse,
- Durchführung von Überprüfungen, Verifizierung und Validierung,
- Ableiten von notwendigen Maßnahmen,
- Dokumentation dieser Tätigkeiten.

Die Entwicklungsergebnisse sollten sichergestellt werden durch:

- Erfüllung der Anforderungen aus Eingaben,
- Eignung für anschließende Prozesse,
- Anforderungen an Überwachung und Messung, Annahmekriterien,

- festgelegte Produkt- und Dienstleistungseigenschaften, mit wesentlicher Bedeutung für Zweck und sichere/ordnungsgemäße Bereitstellung,
- Dokumentation der Entwicklungsergebnisse.

Bei Änderungen muss sichergestellt sein, dass keine negativen Auswirkungen auf Konformität entstehen. Entsprechende Bestimmung, Überprüfung und Steuerung sind vorzunehmen.

Die Dokumentationen zu den Änderungen, Ergebnissen der Überprüfungen, Freigabe der Änderungen, eingeleiteten Maßnahmen zur Vorbeugung von negativen Auswirkungen sind aufzubewahren.

WAS BRINGT ES?

In einer Geschäftswelt von immer kürzeren Produkt- und Dienstleistungslebenszyklen kommt der Entwicklung und Weiterentwicklung von Produkten und Dienstleistungen eine zentrale Rolle zu. Neue Technologien, neue Kundenanforderungen, neue Anforderungen gesetzlicher oder behördlicher Natur und auch der Wettbewerb machen es in vielen Branchen notwendig, laufend Produkte und Dienstleistungen zu verändern oder neue zu entwickeln. Klare, abgestimmte Prozesse und Vorgehensweisen können hier die Organisation unterstützen, (Neu-)Entwicklungen an den Bedürfnissen der Kunden auszurichten, Anforderungen umfassend zu identifizieren und zu erfüllen, und dass Entwicklungen durch eine geregelte Steuerung des Prozesses die erwünschten Ergebnisse liefern. Die Entwicklung von Produkten und Dienstleistungen sichert damit in vielen Branchen die Zukunft der Unternehmen.

Die Anforderungen unterstützen konkret darin, dass Entwicklungen entsprechend ihrer Komplexität und den Rahmenbedingungen geplant werden, dass alle Informationen und Anforderungen, die dafür nötig sind, erhoben, Widersprüche ausgeräumt, Fehlerursachen erkannt und die oft iterativen Prozesse im Rahmen der Entwicklung entsprechend gesteuert werden und dass Entwicklungsergebnisse komplett sind – dass also die Produktion und/oder Dienstleistung im Anschluss gesichert ist.

Für manche Organisationen werden alle Teilabschnitte anwendbar sein, während für andere nur einige sinnvoll angewendet werden können. Während z.B. ein Hersteller von Küchengeräten einen umfassenden Entwicklungsprozess betreiben wird, wird ein Lohnfertiger, der Produktspezifikationen erhält, diese Anforderungen nicht allgemein umsetzen können, sondern nur Anforderungen im Bereich der Entwicklungsänderungen (z.B. sicherstellen, dass keine nachteiligen Auswirkungen auf die Konformität entstehen) anwenden.

WIE GEHE ICH VOR?

Die Norm selbst gibt dazu einen Fahrplan vor, der die typischen Aktivitäten einer Entwicklung charakterisiert. Der Abschnitt 8.3.2 skizziert dazu die erforderlichen Schritte der Planung des Entwicklungsprozesses. Entwicklungsprozesse unterscheiden sich von anderen Prozessen darin, dass die Ergebnisse nicht exakt vorherbestimmt werden können. Am Anfang einfach zu erfüllende Anforderungen können sich als gravierende Probleme herausstellen, die zusätzliche Schritte erfordern, andere Themen lösen sich im Zuge des Projektes wie von selbst. Deswegen sind Entwicklungen nur bedingt planbar bzw. ist es zweckmäßig, hier Zwischenziele („Meilensteine“) einzuführen und mögliche Puffer für Iterationsschleifen vorzusehen. Entsprechend flexibel sollte der Entwicklungsprozess gestaltet sein. Dabei sollten auch erforderliche Freiräume für Kreativität berücksichtigt werden.

Auch sollte man überlegen, welche unterschiedlichen Arten von Entwicklungsprozessen sinnvoll sind. Dies kann abhängig sein:

- von der Art der Entwicklungen (kleine Verbesserungen, radikal neue Konzepte),
- vom Zeithorizont (kurzfristige Adaption, langfristig angelegte Innovationen).
- Was entwickeln wir selbst, was entwickeln Partner für uns?

Aus den Antworten auf diese Fragen werden dann die Phasen, Tätigkeiten, Meilensteine und Reviews sowie realistische Entscheidungspunkte geplant.

> Nicht jedes Unternehmen entwickelt laufend neue Produkte oder Dienstleistungen. In solchen Organisationen empfiehlt es sich, diese Entwicklungen in Form von Projekten unter Berücksichtigung der Anforderungen der Norm zu steuern.

8.4 Steuerung von extern bereitgestellten Prozessen, Produkten und Dienstleistungen

WORUM GEHT ES?

Hier geht es um die Sicherstellung, dass extern bereitgestellte Prozesse, Produkte und Dienstleistungen Anforderungen entsprechen. Dabei sind Steuerungsmaßnahmen zu bestimmen für:

- extern bereitgestellte Produkte und Dienstleistungen, zur Integration in eigene Produkte und Dienstleistungen,
- extern bereitgestellte Produkte und Dienstleistungen, die direkt den Kunden bereitgestellt werden,
- ausgelagerte (Teil-)Prozesse.

Bestimmung und Anwendung von Kriterien für die (Wieder-)Beurteilung, Auswahl, Überwachung der externen Anbieter. Kriterien müssen auf der Fähigkeit des externen Bereitstellers beruhen, anforderungsgerechte Prozesse, Produkte und Dienstleistungen bereitzustellen.

Aufbewahrung von Aufzeichnungen zu diesen Tätigkeiten sowie zu Maßnahmen, die aus Bewertungen resultieren.

Wahl der Art und Umfang der Steuerung, sodass die Fähigkeit des Unternehmens, konforme Produkte und Dienstleistungen zu erbringen, nicht beeinträchtigt wird.

Es ist sicherzustellen, dass outgesourcte Prozesse unter Steuerung des QMS bleiben.

Festlegung der vorgesehenen Steuerungsmaßnahmen bezüglich Anbietern wie auch deren Ergebnissen.

Berücksichtigung von möglichen Auswirkungen auf die Fähigkeit des Unternehmens, rechtliche und Kundenanforderungen zu erfüllen, sowie der Wirksamkeit der Steuerungsmaßnahmen, welche der externe Anbieter selbst anwendet.

Bestimmung von Tätigkeiten (z. B. Verifizierung), damit bereitgestellte Produkte, Dienstleistungen, Prozesse die Anforderungen erfüllen.

Kommunikation der Anforderungen (Angemessenheit sicherstellen) an den externen Anbieter:

- Welche Produkte und Dienstleistungen sind bereitzustellen?
- Was ist zu genehmigen (Produkte, Dienstleistungen, Methoden, Prozesse, Ausrüstungen, Freigaben)?
- Welche Kompetenz ist erforderlich?
- Wie wirkt das Unternehmen mit dem Anbieter zusammen?
- Wie wird die Leistung überwacht und gesteuert?
- Welche Verifizierungs- und Validierungstätigkeiten sind geplant?

WAS BRINGT ES?

Die Steuerung von extern bereitgestellten Prozessen, Produkten und Dienstleistungen soll gewährleisten, dass aus diesen externen Leistungen keine Risiken für Produkte und Dienstleistungen entstehen. Im Sinne der Norm, um Konformität sicherzustellen, in weiterer Folge aber auch, um damit verbundene Beschwerden und Reklamationen zu vermeiden.

Die Festlegung und Anwendung von Kriterien für die (Wieder-)Beurteilung, Auswahl und Überwachung der externen Anbieter ermöglicht, die Fähigkeit dieser Anbieter systematisch festzustellen und eventuelle Gaps zu identifizieren. Einen Mehrwert erhält man daraus aber nur, wenn aus den

Leistungsdaten auch konkrete Maßnahmen abgeleitet werden. Die Ergebnisse einer Bewertung (vgl. ein Beispiel dazu in Bild 15) können auch den externen Anbietern im Sinne eines Benchmarkings zur Verfügung gestellt werden. Lieferanten können ihr volles Potenzial ausschöpfen, wenn sie durch adäquate Kommunikation und weitere Integrationsmaßnahmen weiterentwickelt werden.

Im Teilabschnitt 8.4.3 ist explizit auch die Kommunikation hin zum externen Anbieter angesprochen: Die dort genannten Anforderungen stellen ein Minimalset, damit der externe Anbieter seine Leistungen erbringen kann. Je integrierter diese Schnittstelle gehandhabt wird, beispielsweise durch VMI (Vendor Managed Inventory), Lieferantenportale oder Integration in die Produktionssysteme, desto geringer sind hier Verzögerungen und mögliche Ausfälle. Dies betrifft primär Lieferanten, die in einer längerfristigen Geschäftsbeziehung stehen und nicht einmalig für ein Sonderprojekt ausgewählt wurden.

WIE GEHE ICH VOR?

Die Art und das Ausmaß der Steuerung und Überwachung von Lieferanten der Steuerung der externen Anbieter sollten risikobasiert ausgewählt werden. Das heißt, die Maßnahmen sollten abhängig vom Einfluss auf die Eigenschaften und Sicherheit von Produkten und Dienstleistungen getroffen werden. Für einen Möbelhersteller wird die Qualität des gelieferten Holzes ein kritischer Faktor sein. Entsprechend wird er die Aktivitäten des Holzlieferanten in Bezug auf Schlägern, Bearbeitung, Lagerung und Transport genauer überwachen als ein Baumeister, für den Holz nur als unterstützendes Material für Schalungen und Gerüste zum Einsatz kommt.

Verschiedene Arten der Steuerung können eingesetzt werden, wie z. B.:

- Festlegung von Kompetenzen und Qualifikationen von Personen,
- Tests und Inspektionen,
- Audits beim Lieferanten,
- Verifikation der bereitgestellten Produkte und Dienstleistungen,
- statistische Datenanalyse und Erhebung von Leistungsindikatoren,
- Lieferantenentwicklung, Integration der Lieferkette etc.

Kategorie		Kriterien	Ungeeignet	Eingeschränkt	Akzeptiert	Bevorzugt
1. Einkauf	1.1	Kostenstruktur und Preis			o	
	1.2	Initiative zur Kostensenkung			o	
	1.3	Erfüllung strategischer Anforderungen				o
	1.4	Kooperation/Service und Support			o	
2. Qualität	2.1	Qualitätsleistung				o
	2.2	Qualitätssystem				o
	2.3	Arbeitnehmerschutz, sicheres Verhalten			o	
	2.4	Kooperation/Service und Support				o
3. Logistik	3.1	Logistikleistung				o
	3.2	Kapazität der Lieferkette				o
	3.3	Soziale Verantwortung, Umweltaspekte		o		
	3.4	Kooperation/Service und Support				o
4. Technologie	4.1	Technologieposition				o
	4.2	Innovationspotenzial			o	
	4.3	Erfüllung Entwicklungsanforderungen			o	
	4.4	Kooperation/Service und Support		o		
Gesamtbewertung	**76 Punkte von 100**					

Bild 15: *Beispiel einer Lieferantenbewertung*

8.5 Produktion und Dienstleistungserbringung

WORUM GEHT ES?

Dieser Abschnitt behandelt die Steuerung der Produktion und Dienstleistungserbringung unter beherrschten Bedingungen:

- Dokumentation zu Produkten, Dienstleistungen, Tätigkeiten und Ergebnissen,
- geeignete Ressourcen zur Überwachung und Messung,
- entsprechend Annahmekriterien und Ergebnisse überwachen und messen,
- geeignete Infrastruktur und Prozessumgebung,
- kompetente Personen,
- Prozessvalidierung, sofern das Prozessergebnis nicht durch Überwachung oder Messung verifiziert werden kann,
- Maßnahmen zur Verhinderung von menschlichen Fehlern,
- Freigaben, Liefertätigkeiten, Tätigkeiten nach der Lieferung.

Zu berücksichtigen ist hier die Kennzeichnung/Rückverfolgbarkeit:

- Kennzeichnung von Prozessergebnissen, wenn für Produkt-/Dienstleistungskonformität erforderlich,
- Kennzeichnung des Produkt-/Dienstleistungsstatus in Bezug auf Überwachungs- und Messanforderungen,
- falls gefordert – eindeutige Kennzeichnung und Aufzeichnungen dazu, damit Rückverfolgbarkeit von Ergebnissen möglich ist.

Mit dem Eigentum von Kunden und externen Anbietern ist sorgfältig umzugehen:

- Dieses Eigentum kennzeichnen, verifizieren, schützen, sichern.
- Bei Verlust, Beschädigung etc. dies dem Eigentümer mitteilen, Aufzeichnungen über Ereignisse aufbewahren.

Die Ergebnisse zur Sicherstellung der Konformität mit den Anforderungen sind zu erhalten.

Bei Tätigkeiten nach der Lieferung/Dienstleistungserbringung sind rechtliche Anforderungen, mögliche unerwünschte Folgen, Art, Nutzung, beabsichtigte Lebensdauer, Kundenanforderungen und Rückmeldungen von Kunden zu berücksichtigen.

Überprüfung und Steuerung von Änderungen in Produktion/Dienstleistungserbringung: durch Aufzeichnungen zu den Ergebnissen der Überprüfung, Freigabe der Änderung, Tätigkeiten aus der Überprüfung.

WAS BRINGT ES?

Der Zweck dieses Abschnittes ist es, Prozesssteuerung und -kontrolle für die Produktion und Dienstleistungserbringung sicherzustellen. Diese Anforderungen können damit als Vertiefung zu den Anforderungen in 4.4 und 8.1 gesehen werden.

In der Norm sind Hinweise gegeben, wie derartige, beherrschte Bedingungen hergestellt werden können. Während für Dienstleistungen eher die Themen Kompetenz und Qualifikation von Personen sowie das Thema Verhindern von menschlichen Fehlern neben der Dokumentation prioritäre Ansätze sein werden, sind in anderen Branchen, wie z. B. Medizinprodukte, Lebensmittel oder auch Automobilindustrie, die Themen Rückverfolgbarkeit und entsprechende Kennzeichnungen von hoher Bedeutung. In anderen Branchen wiederum sind Prozesse im Einsatz, deren Ergebnisse nicht oder nur eingeschränkt im Anschluss verifiziert werden können, und damit sind Prozessvalidierungen erforderlich (z. B. Schweißen, Sterilisation, Wärmebehandlungen, aber auch

Prozesse im Dienstleistungsbereich wie medizinische Entscheidungen).

Ein wichtiger Aspekt, der in der Ausgabe 2015 verstärkt aufgenommen wurde, ist die Lebenszyklusorientierung. Abgebildet ist diese im Rahmen der Anforderungen für die Leistungen nach der Lieferung. Services nach der Lieferung und die Handhabung von Garantiefällen wie auch technischer Support sind Möglichkeiten, Kundenzufriedenheit zu erhöhen. Sie haben aber auch das Potenzial, die eigenen Leistungen im Sinne eines größeren Wertschöpfungsanteils weiterzuentwickeln. Dieser Trend – weg von reinen Produktionssystemen hin zu integrierten Produkt-/Servicesystemen – hat sich in den letzten Jahren stark entwickelt.

Im Sinne der dynamischen Prozessveränderungen wird auch auf das Thema Änderungen ein starkes Augenmerk gelegt. Dabei werden sowohl geplante als auch ungeplante Änderungen angesprochen. Der Nutzen ist, dass bei Änderungen im Produktions- oder Dienstleistungsprozess auch durchgehend und konsequent der risikobasierte Ansatz verwendet wird – dass also Änderungen nicht per se vermieden, sondern bewertet und entsprechende Maßnahmen eingeleitet werden.

WIE GEHE ICH VOR?

Einige der in diesem Abschnitt beschriebenen Anforderungen sind zumindest implizit schon an anderer Stelle auch angesprochen.

Als Beispiel betrachten wir das Thema der „Benennung von kompetenten Personen, einschließlich jeglicher erforderlichen Qualifikation“: Die allgemeinen Anforderungen zum Thema „Kompetenz“ sind im Abschnitt 7.2 formuliert, und damit sollte schon sichergestellt sein, dass für Personen im Produktionsprozess – da dieser klar einen Einfluss auf die Leistung des Qualitätsmanagementsystems hat – erforderliche Kompetenzen bestimmt wurden und diese Personen auf Grundlage von Ausbildungen etc. kompetent sind.

Damit können speziell die Anforderungen im ersten Teilabschnitt wie auch die Anforderungen zu Änderungen als zusätzliches Sicherheitsnetz verstanden werden: Falls diese Themen noch an keiner anderen Stelle als relevant eingestuft wurden, so ist es hier notwendig. Entsprechend sollten diese Anforderungen nicht isoliert betrachtet werden, sondern wo immer möglich im Kontext mit den übergeordneten Anforderungen.

Die „beherrschten" Bedingungen sind wesentlich um beherrschte Prozesse sicherzustellen. Dies bedeutet, dass Produkte konstant mit den gewünschten Eigenschaften produziert bzw. Dienstleistungen konstant mit gewünschten Ausprägungen erbracht werden.

Dazu gibt es eine Vielzahl an Methoden, um die Prozesse zu steuern und zu überwachen. Man zielt darauf hin z. B. zu verstehen,

- wie sich ein Prozess zeitlich entwickelt,
- ob er konstant um den gewünschten Wert pendelt (Lage)
- wie groß die Streuung ist und ob er sich innerhalb der definierten Grenzen bewegt
- ob es auffällige Muster gibt, die auf Störungsursachen hindeuten könnten.

Dazu gibt es eine Vielzahl von Methoden, meist werden diese durch statistische Verfahren unterstützt. Heute werden diese Methoden oftmals schon mit Produktionsanlagen direkt mitprogrammiert, sodass Anwender keine mathematischen Kenntnisse, sondern nur die Interpretation derartiger Daten und Auswertungen kennen müssen. Bild 16 zeigt ein Beispiel eines Verlaufs eines Prozesses, mit den Kennwerten Lage und Streuung.

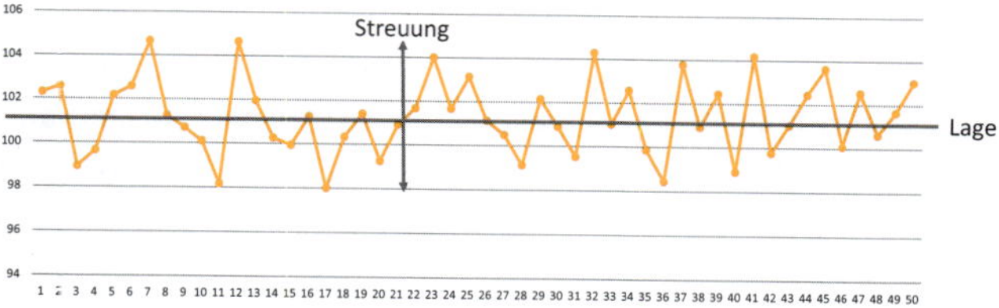

Bild 16: *Prozessegebnisse Prozess XXX*

8.6 Freigabe von Produkten und Dienstleistungen

WORUM GEHT ES?

- Verifizierung zu geeigneten Zeitpunkten, dass Anforderungen an Produkte und Dienstleistungen erfüllt sind.
- Freigabe zum Kunden, nachdem Verifizierung erfolgt ist, ansonsten nur mit Sonderfreigabe von zuständiger Stelle bzw. Kunden, wo erforderlich.
- Aufzeichnungen über Freigaben aufbewahren inklusive:
  - Konformität mit Annahmekriterien.
  - Wer hat freigegeben?

WAS BRINGT ES?

Diese Anforderungen stellen sicher, dass die Annahmekriterien regelmäßig überprüft werden und dass dazu auch die Verantwortung klar festgelegt ist.

Klassisch werden Produkte zuerst produziert, dann geprüft und am Ende für die Lieferung an den Kunden freigegeben.

Bei Dienstleistungen und auch in vielen Produktionsbetrieben ist die Situation anders: Die Konformität der Produkte und Dienstleistungen wird nicht am Ende, sondern während der Produktion oder sogar schon im Rahmen der Entwicklung festgelegt. Deswegen ist es umso wichtiger, dass klar festgehalten wird, unter welche Bedingungen Produkte und Dienstleistungen an den Kunden gehen können und wer die Entscheidungen dazu getroffen hat.

Damit soll sichergestellt werden, dass keine Änderungen passieren, ohne dass diese klar benannt und entsprechend bewertet werden. Auch bei Reklamationen ist diese Nachvollziehbarkeit essenziell.

WIE GEHE ICH VOR?

Diese Anforderungen betreffen den gesamten Wertschöpfungsprozess inklusive der extern bezogenen Wertschöpfungsanteile. Die Umsetzung wird üblicherweise in der Kontroll- bzw. Prüfplanung erfolgen.

Für die Verifizierung von Annahmekriterien stehen alle Methoden der klassischen „Qualitätssicherung“ zur Verfügung. Dies kann Prüfungen, Test Cases, Evaluierungen, Messungen und Produktzertifizierungen beinhalten. Für die Auswertungen können statistische Verfahren sinnvoll sein.

Bei der Dokumentation sollte beachtet werden, dass die Rückverfolgbarkeit auf sämtliche relevanten Prozesse im Rahmen der Freigabephasen sichergestellt wird und systematisch die Nachweise aufbewahrt und die Annahmekriterien erfüllt werden. Es ist üblich, diese Informationen gesammelt, und nicht an den einzelnen Arbeitsplätzen aufzubewahren.

8.7 Steuerung nichtkonformer Ergebnisse

WORUM GEHT ES?

Dieser Abschnitt umfasst die Sicherstellung, dass nichtkonforme Ergebnisse nicht weiterverwendet oder ausgeliefert oder in der Dienstleistungserbringung verwendet werden, sowie die Umsetzung von geeigneten Maßnahmen entsprechend der Art der Nichtkonformität bzw. möglichen Auswirkungen auf die Konformität von Produkten und Dienstleistungen, inklusive nach der Lieferung bzw. während/nach der Dienstleistungserbringung.

Mit diesen Ergebnissen kann dann wie folgt umgegangen werden (eine oder mehrere Maßnahmen möglich):

- Korrektur,
- aussondern, sperren, zurückgeben, aussetzen,
- Kunden benachrichtigen,
- Sonderfreigabe erlangen.

Aufbewahrung von Aufzeichnungen zu Nichtkonformität, den eingeleiteten Maßnahmen, Sonderfreigaben und wer die Entscheidung getroffen hat.

WAS BRINGT ES?

Die Steuerung nichtkonformer Ergebnisse erfolgt auf mehreren Ebenen und berücksichtigt unterschiedliche Fehlersituationen:

1. Sicherstellen, dass der Fehler korrigiert wird und kein Schaden für den Kunden entsteht.

2. Korrekturmaßnahmen einleiten, damit der Fehler nicht wieder auftritt und anderen möglichen ähnlichen Fehlern vorgebeugt werden kann.
3. Falls der Fehler in einer Form auftritt, die auch beim Kunden relevante Fehler auslösen könnte: aktives Beschwerdemanagement, um die Zufriedenheit des Beschwerdeführers wiederherzustellen und gefährdete Kundenbeziehungen zu stabilisieren.

Die Anforderungen in diesem Abschnitt adressieren nur den ersten Punkt. Der zweite ist im Abschnitt 10.2 abgebildet, das dritte Thema geht über die Anforderungen der ISO 9001 hinaus, ist jedoch für einen nachhaltigen Geschäftserfolg wesentlich.

Entsprechend sollten diese drei Themen auch miteinander verbunden gesehen und behandelt werden, um den maximalen Nutzen zu erreichen.

WIE GEHE ICH VOR?

Ein System zur Steuerung von nichtkonformen Ergebnissen ist aus seiner Natur ein defensives Systemelement: Dessen Zweck ist es, Probleme einzudämmen und zu verhindern, dass sie den Kunden erreichen bzw. beeinträchtigen. Ein gutes System zur Fehlerbehandlung kann keine Organisation strategisch voranbringen, jedoch kann ein schlechtes System massive Probleme, bis hin zum Bankrott, verursachen.

Fehlerbehandlung, wie sie in diesem Abschnitt beschrieben wird, erfolgt z.B. durch Nacharbeit, Reparatur, ergänzende Dienstleistungen, Ersetzen von fehlerhaften Teilen etc. Entsprechend der Art der Nichtkonformität und deren Auswirkungen müssen geeignete Maßnahmen gesetzt werden. Hier sind die „möglichen Auswirkungen“ angesprochen und ist im Sinne des risikobasierten Denkens zu handeln: Ist eine Rückrufaktion erforderlich oder kann das Produkt bei der nächsten Wartung kontrolliert werden?

Die Nichtkonformitäten betreffen nicht nur Produkte, die schon an Kunden gegangen sind, sondern auch jene, die während der Produktion oder Dienstleistungsvorbereitung passieren.

In jedem Fall muss die Befugnis vom internen oder externen Kunden eingeholt werden, die entweder die Verwendung im aktuellen Zustand ermöglicht oder die Freigabe, Fortsetzung oder wiederholte Bereitstellung regelt.

9 Bewertung der Leistung

9.1 Überwachung, Messung, Analyse und Bewertung

WORUM GEHT ES?

Es geht um die Festlegung, was wie und wann gemessen und überwacht wird, um Kundenzufriedenheit sowie um Vorgaben zur Analyse und Bewertung von Informationen und Daten.

Festlegung von:

- was überwacht und gemessen werden muss,
- die Methoden der Überwachung, Messung, Analyse und Bewertung,
- wann überwacht und gemessen wird,
- wann die Ergebnisse analysiert und bewertet werden.

Die Bewertung muss die Leistung und Wirksamkeit des QMS umfassen.

Die Aufzeichnungen zu den Ergebnissen müssen aufbewahrt werden.

Die Kundenzufriedenheit ist zu überwachen. Die Methoden zum Einholen, Überwachen und Bewerten dieser Informationen sollten sind zu bestimmen.

Die resultierenden Informationen und Daten sind zu analysieren und zu bewerten. Es müssen die Ergebnisse zu folgenden Punkten bewertet werden:

- Konformität von Produkten und Dienstleistungen,
- Kundenzufriedenheit,
- Leistung und Wirksamkeit des QMS,
- wirksame Umsetzung der Planung,

- ob Maßnahmen zu Risiken und Chancen wirksam waren,
- Leistung der externen Anbieter,
- Verbesserungsbedarf am QMS.

WAS BRINGT ES?

Die Erreichung von Zielen wird mithilfe von Messergebnissen überprüft und beurteilt. Wo stehen wir? Passt die Richtung? Wie weit müssen wir noch? Diese und ähnliche Fragen verdeutlichen, dass die Organisation Aussagen zu ihren Leistungen benötigt, damit sie nicht im Blindflug agiert.

Aus den genannten Fragen geht auch anschaulich hervor:

> Messen bringt nur dann etwas, wenn klare Ziele vorhanden sind, ansonsten wird zwar gemessen, die Ergebnisse können aber nicht eingeordnet und sinnvoll bewertet werden.

Die wichtigsten Rahmenbedingungen für das „Überwachen, Messen, Analysieren und Bewerten“ werden damit schon im Rahmen der Planung gelegt. Welche Ziele sollen erreicht werden? Wie werden Ergebnisse bewertet?

Der größte Nutzen entsteht, wenn die Messgrößen mit der Strategie des Unternehmens in Einklang stehen und damit eine Integration „top-down“ erfolgt (vgl. Quality-Austria-Positionspapier „Das integrierte Managementsystem“).

Umgekehrt muss vor einer reinen Kennzahlenorientierung gewarnt werden. Kennzahlen bilden nie die gesamte Realität ab. Wenn also uneingeschränkt wenige Einzelkennzahlen optimiert werden, dann besteht die Gefahr, dass die Gesamtleistung dauerhaft nicht optimiert wird. Entsprechend warnt auch der Qualitätsmanagementpionier W. Edwards Deming in seinen 14 Punkten: „Unterbinde numerische Ziele, Sollvorgaben und Management by Objectives. Ersetze sie durch Führung“ (Deming 1982).

Das Thema Kundenzufriedenheit wird in den Anforderungen durch einen eigenen Abschnitt besonders hervorgehoben. Speziell in einem dynamischen Geschäftsumfeld, ob nun durch Wettbewerb oder Technologie geprägt, ist das Verstehen der Kunden durch eine laufende proaktive Sammlung und Analyse von Rückmeldungen der Kunden, ob nun über Beschwerden, Interviews, Fokusgruppen, Kundenbefragungen etc., ein wesentliches Hilfsmittel, um die Platzierung der eigenen Produkte und Dienstleistungen beurteilen und durch Verbesserungen oder neue Angebote darauf reagieren zu können.

WIE GEHE ICH VOR?

Der Abschnitt enthält selbst schon eine Aufzählung von Ergebnissen, die zu analysieren und zu bewerten sind, wie z.B. Konformität von Produkten und Dienstleistungen oder Kundenzufriedenheit. Daraus ergibt sich automatisch die Notwendigkeit für Informationen und Daten und in vielen Fällen die Notwendigkeit, Messungen durchzuführen. Diese Anforderungen sollten im Zusammenhang mit anderen Abschnitten betrachtet werden, wo Anforderungen zu Überwachung und Messung gestellt werden, wie beispielsweise zu Prozessen (Abschnitt 4.4), den Qualitätszielen (6.2) oder der betrieblichen Planung und Steuerung (8.1).

Ist festgelegt, was überwacht und gemessen werden soll, sind dann die dafür erforderlichen Ressourcen zu bestimmen, damit die Ergebnisse gültig und zuverlässig sind (vgl. Abschnitt 7.1.5).

Letztlich wird festgelegt, wie und von wem diese Ergebnisse analysiert und bewertet werden. Daraus sollte dann abgeleitet werden, wie die Ergebnisse aufzubereiten und zu verarbeiten sind. Werden Detaildaten angefordert, weil sie einen einzelnen Prozess überwachen, oder sind zusammengefasste Trenddarstellungen für Leitungsfunktionen erforderlich, um einen Überblick über die Leistungen zu geben? Messergebnisse und Kennzahlen sollen kein Selbstzweck sein, sondern die Entscheidungsfindung an der jeweiligen Stelle bestmöglich unterstützen. Folgende Kriterien für „gute" Kennzahlen sollte man berücksichtigen:

- Die Kennzahl ist von der Person, die sie verwendet, **direkt beeinflussbar** vs. die eigenen, Arbeiten/Entscheidungen beeinflussen die Kennzahl nur geringfügig.
- Die Kennzahl **reagiert unmittelbar** auf Änderungen vs. die Kennzahl reagiert erst nach einer längeren Zeit, und damit ist der Ursache-Wirkungs-Zusammenhang nicht mehr gut erkennbar.
- Die Kennzahl ist **kundenorientiert,** reflektiert also Anforderungen oder Erwartungen der Kunden, vs. die Kennzahl reflektiert z. B. nur interne Vorgaben oder Leistungsparameter.
- Die Kennzahl ist **einfach,** sie kann von der Person, die sie verwendet, aktualisiert und verwendbar gemacht werden vs. es braucht andere Personen oder Abteilungen, die die Kennzahl liefern.
- Die Kennzahl ist teamorientiert, spiegelt also die Leistungen der Teamanstrengungen wider vs. die Leistung von Einzelpersonen wird mit der Kennzahl verfolgt.

9.2 Internes Audit

WORUM GEHT ES?

Interne Audits sind durchzuführen, um zu überprüfen, ob das QMS die Anforderungen der ISO 9001 sowie die eigenen Anforderungen erfüllt und ob das QMS wirksam verwirklicht und aufrechterhalten wird.

Dazu sind erforderlich:

- Planung, Aufbau, Verwirklichung und Aufrechterhaltung von Auditprogramm(en), basierend auf der Wichtigkeit der betroffenen Prozesse, Änderungen und Ergebnisse vorangegangener Audits. Diese müssen enthalten:
  - Häufigkeit der Audits,
  - Auditmethoden,
  - Verantwortlichkeiten,
  - Anforderungen an Planung, Berichterstattung.
- Festlegung für jedes Audit von Auditkriterien und Auditumfang.
- Objektive und unparteiliche Auditoren auswählen.
- Berichterstattung an die zuständige Leitung sicherstellen.
- Korrekturen und Korrekturmaßnahmen ohne Verzögerung umsetzen.

Aufzeichnungen zur Umsetzung des Auditprogrammes und der Ergebnisse der Audits sind aufzubewahren.

WAS BRINGT ES?

Tun wir das, was wir uns vorgenommen haben, und halten wir unsere Vorgaben ein? Interne Audits sollen anhand von Vor-Ort-Gesprächen, Prozessbeobachtungen und Dokumenteneinsicht überprüfen, ob eigene Vorgaben (inklusive der von uns angewendeten Normen) eingehalten werden und ob das System „wirksam" ist, also ob die Organisation ihre eigenen Planungen umsetzt und dabei die gewünschten Ergebnisse erzielt.

Der Nutzen eines internen Audits hängt davon ab, welchen Stellenwert man diesem beikommen lässt. Wird das Audit auf eine Pflichtübung mit primärem Fokus auf „Einhaltung von Regeln und Konformität" ausgerichtet, dann werden auch die Ergebnisse auf dieses Thema beschränkt sein. Wird das interne Audit aber sowohl in der Planung als auch in der Durchführung mit strategischen Projekten bzw. Risiken und Chancen verknüpft, können wesentliche Entscheidungsgrundlagen für das Management geschaffen werden.

Auch die Planung sollte nicht stur in jährlichen Abständen erfolgen und wo möglich kurz vor dem externen Audit stattfinden, sondern sich an den eigenen Abläufen, an anstehenden oder jüngsten Veränderungen oder an Problemen, Reklamationen etc. orientieren.

WIE GEHE ICH VOR?

Oft denkt man zum Thema Auditieren primär daran, mit dem Klemmbrett in den Betrieb zu marschieren, Fragen zu stellen und Unterlagen einzusehen. Aber, wie bei vielen Aktivitäten, ist auch beim Auditieren die Planung der Schlüssel zum Erfolg.

Die Planung sollte entsprechend den Anforderungen der Norm auf zwei Ebenen erfolgen. Erstens ein Auditprogramm erstellen, d. h., die Abfolge der einzelnen Audits festzulegen, und zweitens die Planung eines einzelnen Audits. Oft werden diese Planungsschritte von unterschiedlichen Personen im Unternehmen getätigt, das Programm wird von einem Manager erstellt, der Auditplan vom Lead-Auditor.

Das Auditprogramm soll sicherstellen, dass die Gesamtziele des Auditprozesses erreicht werden. Hierbei sollten wichtige Prozesse und Bereiche bevorzugt ausgewählt werden, auch solche, wo jüngste Veränderungen stattgefunden haben. Nicht jeder Prozess muss jedes Jahr auditiert werden, gemäß dem risikobasierten Denken sollten kritische Bereiche häufiger und unkritische weniger häufig betrachtet werden. Entsprechende Überlegungen sollten schriftlich festgehalten werden.

Auditpläne sollten gemeinsam mit dem verantwortlichen Management für den jeweiligen Prozess oder Bereich entwickelt werden, um Zeitbedarf, spezielle Themen und die Verfügbarkeit von Personen abzuklären. Checklisten können Audits durch eine hinterlegte Systematik unterstützen und auch als Nachweise der Ergebnisse dienen. Umfangreiche Listen mit Ja/Nein-Fragen sollten vermieden werden, da diese die Betrachtungsperspektive einschränken.

9.3 Managementbewertung

WORUM GEHT ES?

Bei einer Managementbewertung handelt es sich um eine regelmäßige Bewertung des QMS durch die oberste Leitung, damit sichergestellt ist, dass das QMS wirksam, geeignet, angemessen und mit der Strategie abgestimmt ist.

Die Planung und Durchführung erfolgt unter Berücksichtigung von:

- Maßnahmenstatus vergangener Managementbewertungen,
- Änderungen im Kontext der Organisation (interne/externe Themen),

- Leistung und Wirksamkeit des QMS:
  - Kundenzufriedenheit, Rückmeldungen der interessierten Parteien,
  - Erfüllung der Qualitätsziele,
  - Prozessleistung,
  - Konformität von Produkten und Dienstleistungen,
  - Nichtkonformitäten, Korrekturmaßnahmen,
  - Ergebnisse der Überwachung und Messung,
  - Auditergebnisse,
  - Leistung externer Anbieter,
- Ressourcen – Angemessenheit,
- Maßnahmen bezüglich Risiken und Chancen – Wirksamkeit,
- Verbesserungsmöglichkeiten.

In Bezug auf das Ergebnis, d.h. zu Entscheidungen und Maßnahmen, sind Aufzeichnungen aufzubewahren über:

- Verbesserungsmöglichkeiten,
- Änderungsbedarf,
- Ressourcenbedarf.

WAS BRINGT ES?

Das Ziel der Anforderungen ist es, dass die Geschäftsleitung ihrer Steuerungsverantwortung des Qualitätsmanagementsystems nachkommt. In geplanten Abständen, z.B. quartalsmäßig oder jährlich werden die Leistungen und die Wirksamkeit bewertet. Dazu zählt z.B. der Umsetzungsgrad von Planungen, ob dies nun Veränderungsprojekte oder Pläne zur Erreichung von strategischen oder operativen Zielen sind oder Maßnahmen die zum Aufgreifen von Chancen bzw. zum Minimieren von Risiken eingeleitet wurden. Durch die Bewertung der „Eignung“ des Systems wir sichergestellt, dass nicht nur die Ziele überwacht werden, sondern auch hinterfragt wird, ob die Organisation den besten Zugang in der Umsetzung gewählt hat, oder ob man neue Vorgehensweisen aufgreifen oder entwickeln muss. Jene Entscheidungen, die aufgrund ihrer Tragweite oder des Ressourcenbedarfs der Geschäftsleitung vorbehalten sind, werden getroffen, und damit wird die Weiterentwicklung des Systems eingeleitet.

Ein wichtiger Zweck der Managementbewertung ist es, dass Organisationen sich zukunftsorientiert verbessern und weiterentwickeln und notwendige Veränderungen nicht in den Hierarchieebenen stecken bleiben.

WIE GEHE ICH VOR?

Die Weiterentwicklung eines Unternehmens ist auch ohne die Anforderungen der ISO 9001 eine ureigene Aufgabe des Topmanagements. Entsprechend ist es auch ratsam, die Managementbewertung in die üblichen Entscheidungs- und Kommunikationsprozesse der Unternehmensleitung zu integrieren.

Es ist nicht gefordert, eine eigene Sitzung zum Thema „Managementbewertung“ zu machen. Weder ist eine Sitzung gefordert noch dass diese Sitzung in jährlichem Rhythmus zweckgebunden stattfindet, auch wenn sich dies in einigen Unternehmen so etabliert hat.

Die Managementbewertung kann im Rahmen der normalen Geschäftsleitungssitzungen vorgenommen werden. Zu achten ist dabei jedoch darauf, dass die in der Norm geforderten Inputs behandelt werden und entsprechende Protokolle über die behandelten Themen und getroffenen Entscheidungen vorliegen.

Wie immer man die Managementbewertung gestaltet, wichtig ist es, dass die wesentlichen Entscheidungen des Managements erfasst und in Umsetzungsmaßnahmen gegossen werden. Nicht zielführend ist es, wenn ein Qualitätsmanager einen „Managementbewertungsbericht“ vorbereitet, in dem eine Bewertung und Maßnahmen vorformuliert sind, die in manchen Fällen schon länger initiiert wurden oder sich auf der Handlungsebene des Qualitätsmanagers abbilden. Damit würde die Gefahr bestehen, dass diese Maßnahmen nicht mehr die strategische Gesamtperspektive der Organisation abbilden, sondern nur einen Teilbereich – und damit würde ein Auseinanderklaffen vom „dokumentierten Qualitätsmanagementsystem“ und den aktuellen Anliegen und Prozessen des Unternehmens drohen.

10 Verbesserung

10.1 Allgemeines

WORUM GEHT ES?

Bestimmung und Auswahl von Chancen zur Verbesserung und Einleitung der notwendigen Maßnahmen zu

- Verbesserung von Produkten und Dienstleistungen, einerseits um bestehende Anforderungen zu erfüllen, andererseits um zukünftige Erfordernisse und Erwartungen zu berücksichtigen,
- Eliminieren/Reduzieren von unerwünschten Auswirkungen (z. B. durch Fehler),
- Leistung und Wirksamkeit des QMS erhöhen.

WAS BRINGT ES?

Dieser Abschnitt erläutert die Anforderungen und den möglichen Lösungsraum für Verbesserungen. Verbesserungen betreffen nicht nur das Thema Konformität von Produkten und Dienstleistungen, sondern auch zukünftige Erfordernisse und Erwartungen. Alle verschiedenen Ansätze sind einzusetzen, wenn es erforderlich ist: also nicht nur das Schließen der PDCA-Zyklen im Rahmen der kontinuierlichen Verbesserung, sondern auch das Reagieren auf überraschende oder gravierende Veränderungen durch tiefer greifende Einschnitte in die Organisation. Dies ist in einer Anmerkung hervorgehoben. Dort werden als Beispiele für Veränderungen Korrektur (vgl. 8.7), Korrekturmaßnahmen (vgl. 10.2), fortlaufende Verbesserung (vgl. 10.3), aber auch bahnbrechende Veränderungen, Innovation und Reorganisationen aufgezählt. Damit soll sichergestellt werden, dass Unternehmen nicht in eingespielten Schienen Veränderungen verpassen.

WIE GEHE ICH VOR?

Die Herausforderung bei der Verbesserung sind die Bündelung und das Abstimmen der Maßnahmen. Ideen und Potenziale gibt es an vielen Stellen im Unternehmen: Daraus können viele Einzelaktivitäten entstehen, die alle irgendwie vorwärtsgerichtet, aber nicht wirklich aufeinander abgestimmt sind.

Entsprechend sollte man Verbesserungen konsequent an den strategischen Zielen der Organisation ausrichten. Wenn sich nun Ziele (vgl. Abschnitt 6.2) nicht nur auf Ergebnisse, sondern auch auf Fähigkeiten beziehen, werden die Voraussetzungen für die Erreichung der Ziele geschaffen.

Eine zweite Empfehlung zum Thema Verbesserung ist jene, einen partizipativen Ansatz zu wählen. Verbesserungen sollten funktionsübergreifendes Handeln ermöglichen, das implizite Wissen der Mitarbeitenden nutzen und auf Erfahrungen und die Kultur der Organisation zurückgreifen.

10.2 Nichtkonformitäten und Korrekturmaßnahmen

WORUM GEHT ES?

Es geht darum, auftretende Fehler nachhaltig zu beseitigen. Dazu muss man, wenn eine Nichtkonformität auftritt (z. B. aus Reklamationen):

- reagieren (Fehler korrigieren, Überwachen des Prozesses, mit Folgen umgehen),
- prüfen, ob eine Korrekturmaßnahme erforderlich ist (angemessen auf Schwere des Fehlers), konkret durch Analyse und Bestimmung der Ursachen,
- prüfen, ob ähnliche Nichtkonformitäten bestehen oder eventuell auftreten könnten,
- erforderliche Maßnahmen einleiten und umsetzen,
- Wirksamkeit der Maßnahmen überprüfen,
- Risiken und Chancen (Abschnitt 6.1) aktualisieren,
- wenn notwendig, das QMS ändern.

Aufzeichnungen aufbewahren als Nachweis der Nichtkonformität, der getroffenen Maßnahmen sowie der Ergebnisse der Korrekturmaßnahmen.

WAS BRINGT ES?

Fehler sind Ausnahmesituationen. Menschen tendieren dazu, in solchen Situationen das systematische Vorgehen auszusetzen und Korrekturen ohne Plan durchzuführen. Unter dem Motto „Ist eh nichts passiert" werden dann die Fehler ad acta gelegt. Ein systematisches Vorgehen und Umsetzen von Korrekturmaßnahmen hilft dabei, die systemischen und tiefer liegenden Probleme und Fehlerursachen zu erkennen und zu beseitigen. Ziel dabei ist es, das Wiederkehren von Fehlern zu verhindern bzw. ähnliche Fehler zu vermeiden.

Letztendlich sind systematische Korrekturmaßnahmen essenziell, damit das Unternehmen nicht laufend mit der Bewältigung von Fehlern und damit ausgelösten kleinen und großen Krisen beschäftigt ist, sondern seine Ressourcen für eine proaktive Gestaltung einsetzen kann.

WIE GEHE ICH VOR?

Wesentlich, damit Korrekturmaßnahmen greifen, ist eine entsprechende Fehlerkultur. Beim Auftreten von Fehlern sollte konstruktiv mit ihnen umgegangen und nicht nach einem „Schuldigen" gesucht werden. Fehler haben in vielen Fällen tiefer liegende, systembegründete Ursachen. Es geht darum, diese zu finden und zu beheben.

Die Normanforderungen stellen auch den Leitfaden für die Umsetzung dar. Als Erstes steht die Fehlerbeseitigung bzw. die Korrektur der Nichtkonformität. Es geht z. B. darum, dass Prozesstoleranzen wieder eingehalten werden, kompetente Personen an einer bestimmten Stelle wieder eingesetzt werden, die richtigen Messmittel verwendet werden bzw. die Produkteigenschaften stimmen.

Der zweite Schritt besteht dann darin, festzustellen, ob eine Korrekturmaßnahme erforderlich ist. Nicht für jeden Fehler ist eine Korrekturmaßnahme sinnvoll oder erforderlich. Schwere Fehler erfordern klarerweise eine Korrekturmaßnahme, kleine Fehler können z. B. dann eine Korrekturmaßnahme erfordern, wenn sie sich häufen – es geht also um die Auswirkungen der Nichtkonformität.

Ein Schritt, um zu bestimmen, ob eine Korrekturmaßnahme erforderlich ist, ist die Bestimmung der Ursachen. Dazu sind verschiedene Methoden möglich: Brainstorming, Mindmapping, das Ishikawa-Diagramm (Ursache-Wirkungs-Diagramm) oder die Fünf-warum-Fragetechnik werden in der Praxis häufig verwendet.

Entsprechend den bestimmten Ursachen werden dann Maßnahmen bestimmt, abgearbeitet und auf deren Wirksamkeit überprüft. Eine Methode, die durch den gesamten Prozess einer Korrekturmaßnahme leitet, ist der 8D-Bericht:

Darin wird in acht Prozessschritten bzw. „Disziplinen“ die Problemlösung auf Basis aufgetretener Fehler bearbeitet (vgl. Bild 17).

<table>
<tr><th colspan="4">Vorlage 8D-Bericht</th></tr>
<tr><td>Bezeichnung</td><td></td><td>Eröffnet am</td><td></td></tr>
<tr><td>Initiator</td><td></td><td>Teilebezeichnung</td><td></td></tr>
<tr><td>Produktname</td><td></td><td>Zeichnungs Nr.</td><td></td></tr>
<tr><td>1. Teamleiter und Team</td><td colspan="3">2. Problembeschreibung</td></tr>
<tr><td colspan="2">3. Sofortmaßnahme(n)</td><td>%-Wirkung</td><td>Einsatzdatum</td></tr>
<tr><td colspan="2">4. Fehlerursache(n)</td><td colspan="2">%-Beteiligung</td></tr>
<tr><td colspan="2">5. Geplante Abstellmaßnahme(n)</td><td colspan="2">Wirksamkeitsprüfung</td></tr>
<tr><td colspan="2">6. Eingeführte Abstellmaßnahme(n)</td><td>Datum Ergebniskontrolle</td><td>Einsatzdatum</td></tr>
<tr><td colspan="2">7. Fehlerwiederholung verhindern</td><td>Verantwortlich</td><td>Einsatzdatum</td></tr>
<tr><td colspan="2">8. Teamerfolg würdigen</td><td>Abschlussdatum</td><td>Erstellt</td></tr>
</table>

Bild 17: *Vorlage für einen 8D-Bericht (vgl. VDA 2010)*

10.3 Fortlaufende Verbesserung

WORUM GEHT ES?

Es geht um die fortlaufende Verbesserung der Eignung, Angemessenheit und Wirksamkeit des QMS. Erfordernisse und Chancen sind zu bestimmen, die sich aus der Analyse und Bewertung (vgl. Abschnitt 9.1) bzw. dem Managementreview ergeben (vgl. Abschnitt 9.3).

WAS BRINGT ES?

Während im allgemeinen Abschnitt alle Formen der Verbesserung angesprochen werden, geht es im Speziellen hier um das konsequente Schließen von Regelkreisen. Die Formulierung verweist auf den PDCA-Zyklus, indem konkret angesprochen wird, dass die kontinuierliche Verbesserung auf die Ergebnisse der Analyse und Bewertung bzw. das Managementreview aufbaut (vgl. Bild 18).

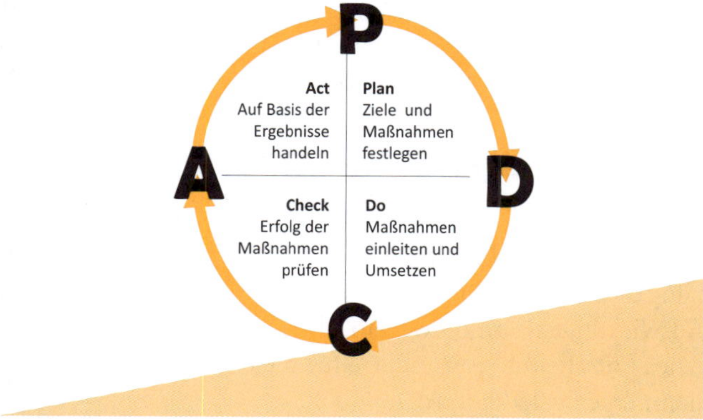

Bild 18: *Symbolische Darstellung des PDCA-Kreislaufes zur fortlaufenden Verbesserung*

Die konsequente Anwendung des PDCA-Zyklus ist ein wesentliches Merkmal für stabile, lernende Organisationen: Es werden nicht nur Sachverhalte und Ergebnisse bewertet, sondern die Konsequenzen daraus gezogen und entsprechende Maßnahmen eingeleitet.

Fehlt dieses konsequente Handeln in einem Unternehmen, geht viel Energie verloren: Probleme werden verschleppt oder unter den Teppich gekehrt, Verbesserungschancen nur unzureichend wahrgenommen. Die damit einhergehenden Risiken und verpassten Chancen werden sich mittelfristig negativ auf die Unternehmensentwicklung auswirken.

WIE GEHE ICH VOR?

In der Umsetzung ist es wesentlich, Raum und Zeit für die kontinuierliche Verbesserung zu nehmen. Konkret bei der Bewertung von Sachverhalten und Ergebnissen nicht nur diese zu bewerten, sondern die entsprechenden Anschlussfragen zu stellen:

- Welche Verbesserungen/Veränderungen sind hier nötig?
- Welche Chancen ergeben sich zusätzlich daraus?

Gleichzeitig sollte damit auch der Beschluss der Umsetzung dieser Maßnahmen bzw. bei Maßnahmen mit größeren Auswirkungen zumindest eine Planung oder Vorbereitung einer Entscheidungsgrundlage für die entsprechenden Maßnahmen eingeleitet werden.

> In der Umsetzung ist auch die richtige Balance zwischen zentraler und dezentraler Steuerung wesentlich, damit einerseits nicht unübersichtliche lange Maßnahmenlisten an einer Stelle entstehen, und andererseits Doppelgleisigkeiten und nicht abgestimmte Vorgehensweisen vermieden werden.

Zusätzlich gibt es im Qualitätsmanagement noch eine Reihe von Methoden, die an den unterschiedlichen Stellen einer Organisation die ständige Verbesserung unterstützen:

- Betriebliches Vorschlagswesen: ein partizipatives Verfahren, um das Ideenpotenzial aller Mitarbeiter zu nutzen. Mitarbeiter können Verbesserungsvorschläge einreichen, diese werden bewertet und entsprechend umgesetzt und die Mitarbeiter honoriert.
- Poka Yoke: ein systematisches Verhindern und Vermeiden von menschlichen Fehlern möglichst durch technische Vorrichtung oder Ablaufsicherungen.
- 5S/5A-Methode: eine Vorgehensweise in fünf Schritten (im Deutschen beginnen die Bezeichnungen dieser Schritte jeweils mit dem Buchstaben A), um Übersicht und Ordnung zu schaffen und das Arbeitsumfeld für eine optimale Wertschöpfung herzurichten.
- Muda: eine Methode, um systematisch Aktivitäten, die Ressourcen verbrauchen, ohne substanziellen Wert zu schaffen, und Fehler, die Energie auffressen, zu identifizieren und zu beseitigen. „Muda“ fokussiert auf die Wertschöpfung und hinterfragt alles, was nicht dazu beträgt.
- Kanban/TPM: sind Methoden in der Produktionssteuerung. Bei Kanban geht es darum, Materialien dann am Produktionsort und in der Reihenfolge bereitzustellen, wie diese auch tatsächlich gebraucht werden, damit sich keine Lager aufbauen. TPM (Total Productive Maintenance) ist ein Ansatz, um in der Produktion „null Fehler, null Ausfälle, null Qualitätsverluste“ zu erreichen. Auch hier werden systematisch verschiedene Aspekte dazu betrachtet, mit einem Schwerpunkt in der Instandhaltung.

Literatur

Deming, W. Edwards: Out of the Crisis. MIT, Massachusetts 1982

Füermann, Timo; Dammasch, Carsten: Prozessmanagement. Hanser, München 2008

International Organisation for Standardisation (ISO), (Hrsg.): ISO 9000:2015 Qualitätsmanagementsysteme – Grundlagen und Begriffe. FprEN ISO 9000:2015 D, CEN-CENELEC, Brüssel 2015

International Organisation for Standardisation (ISO), (Hrsg.): ISO 9001:2015 Qualitätsmanagementsysteme – Anforderungen. FprEN ISO 9001:2015 D, CEN-CENELEC, Brüssel 2015

International Organisation for Standardisation (ISO), (Hrsg.): ISO 9004:2009 Leiten und Lenken für den nachhaltigen Erfolg einer Organisation – Ein Qualitätsmanagementansatz. EN ISO 9004:2009 D, CEN-CENELEC, Brüssel 2009

International Organisation for Standardisation (ISO), (Hrsg.): ISO 31000:2009 Risikomanagement Grundsätze und Richtlinien. Deutschsprachige Übersetzung ÖNORM 31000:2010, Austrian Standards Institute, 2010

International Organisation for Standardisation (ISO), (Hrsg.): ISO/IEC 17024:2012 Konformitätsbewertung – Allgemeine Anforderungen an Stellen, die Personen zertifizieren, EN ISO/IEC 17024:2012 D, CEN-CENELEC, Brüssel 2012

International Organisation for Standardisation (ISO), (Hrsg.): ISO 17021 Konformitätsbewertung – Anforderungen an Stellen, die Managementsysteme auditieren und zertifizieren, DIN EN ISO/IEC 17021-1:2015-11, Beuth, Berlin 2015

Koubek, Anni; Pölz, Wolfgang: Integrierte Managementsysteme. Hanser, München 2014

Koubek, Anni (Hrsg): ISO 9001:2015 Praxisbuch, Hanser, München, 2015

Hemmrich, Angela; Harrant, Horst: Projektmanagement. Hanser, München 2015 *VDA – Verband der Automobilindustrie e.V.:* Band 4: Sicherung der Qualität in der Prozesslandschaft, 2010

HANSER

Alles zum Thema Qualitätsmanagement

Ob auf dem Portal **QZ-online.de**, in der Zeitschrift **QZ Qualität und Zuverlässigkeit** oder in zahlreichen Büchern – bei uns finden Sie alles zum Thema Qualitätsmanagement. Bleiben Sie top-informiert!

Mehr Informationen finden Sie unter
www.hanser-fachbuch.de und **www.qz-online.de**

HANSER

ISO 9001:2015 in der Praxis

Koubek
Praxisbuch ISO 9001:2015
Die neuen Anforderungen verstehen und umsetzen
358 Seiten. Gebunden
€ 49,99
ISBN 978-3-446-44523-9

Auch als E-Book erhältlich
€ 39,99
E-Book-ISBN 978-3-446-44612-0

Die ISO 9001 ist die zentrale Norm des Qualitätsmanagements! Dieses Werk stellt die ISO 9001:2015 umfassend dar, erläutert die Neuerungen und zeigt, wie diese am besten in der Praxis umgesetzt werden. Mit diesem Praktikerbuch gelingt Ihnen nicht nur leicht und konkret die Umstellung auf die neue Normversion, sondern Sie haben auch ein Werk bei der Hand, das Ihnen hilft, Ihre Prozesse zu verbessern und die Kundenorientierung sowie die Mitarbeiterzufriedenheit zu erhöhen. Damit steigern Sie nachhaltig die Leistungsfähigkeit Ihres Unternehmens. Und fast nebenbei bereiten Sie sich auch auf die nächste Zertifizierung vor!

Mehr Informationen finden Sie unter **www.hanser-fachbuch.de**